ソースコードで体感する
ネットワークの
仕組み

手を動かしながら基礎から
TCP/IPの実装までがわかる

小俣光之●著

技術評論社

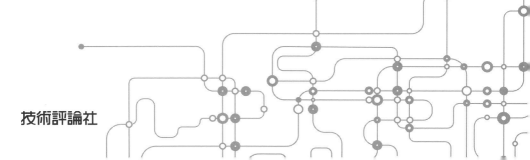

■**免責**

　本書に記載された内容は、情報の提供のみを目的としています。したがって、本書を用いた運用は、必ずお客様自身の責任と判断によって行ってください。これらの情報の運用の結果について、技術評論社および著者はいかなる責任も負いません。

　本書記載の情報は、2018 年 3 月時点のものを掲載していますので、ご利用時には、変更されている場合もあります。

　また、ソフトウェアはバージョンアップされる場合があり、本書での説明とは機能内容や画面図などが異なってしまうこともあり得ます。本書ご購入の前に、必ずバージョン番号をご確認ください。

　以上の注意事項をご承諾いただいた上で、本書をご利用願います。これらの注意事項をお読みいただかずに、お問い合わせいただいても、技術評論社および著者は対処しかねます。あらかじめ、ご承知おきください。

■**商標、登録商標について**

　本文中に記載されている製品の名称は、一般に関係各社の商標または登録商標です。なお、本文中では、™、® などのマークは省略しています。

はじめに

　誰もが、PC にネットワークケーブルを挿して、スイッチング HUB に接続、あるいは、スマートフォンを Wi-Fi 接続するとインターネットが使えるようになるのは「あたりまえ」だと感じていると思います。しかし、インターネットでの通信の基本である「IP アドレスを持っていること」とはどういう状態なのか？と聞かれてさっと答えられる人は意外と少ないのではないでしょうか。

　LAN やインターネットの基本となっているイーサネットでは、MAC アドレスを宛先として通信を行います。それだけでは不便なので IP が存在し、今どきの多くのネットワーク機器は IP アドレスをあて先として通信を行っている、というイメージを持っている方は多いでしょう。しかし、それを本当にきちんと理解できているでしょうか。

　本書では、IP の下で使われている UDP や TCP といったネットワークの仕組みを、実際にプログラムを作って体験してみます。特に TCP に関しては、「よくわからないけれど、ソケットライブラリを使って connect して send すればデータが送信でき、recv すれば受信できる」と考えている人が多いと思いますので、自力で 3 ウェイハンドシェークしたり、シーケンス番号を管理して再送制御したりするプログラムを作って、TCP の基本を体験してみます。

　前著『ルーター自作でわかるパケットの流れ』では、イーサネットフレームを自分で中継しながら IP を理解してみましたが、「なにもルーターじゃなくても……」とか「もっと簡単な例で体験するほうが良いのでは？」という意見をいただき、「いっそのこと IP や UDP、TCP の仕組みを自作すれば根本からわかるだろう」と考えました。どんどん仕様が追加されてきた現在の TCP の仕組みを全て作ってみるのは大変ですが、拡張機能を使わずに基本部分だけでも十分通信はできます。これらのプログラムが実務で役に立つかどうかは別として（もちろん、役に立つケースはあるのですが）、作って体験してみた人の理解は、ただ RFC を眺めただけの人に比べれば断然深いものになることでしょう。

　誰でも簡単に作って動かしてみることができるのがプログラミングの良いところです。「百聞は一見にしかず」プログラムを動かして様子を見てみるのが一番です！

注意事項

　本書で紹介しているサンプルプログラムは、IP、ARP、ICMP、UDP、TCP、DHCP などの仕様を完全に実装することを目的にしているのではなく、できる限りシンプルなソースコードで、プログラムを動かしながらプロトコルの様子を体験することを目的にしています。したがって、このサンプルプログラムをそのまま実務などで採用するような使い方は想定していません。

　ARP テーブルや IP 受信キューでは、テーブルやキューの実装にこだわるのではなく、できるだけシンプルにすませて、全体の流れを追うことを優先しています。ARP 解決のフローやパケットロスの対処も、一部シンプル化のために手を抜いています。

　また、ネットワーク処理でよく使われるイベント駆動型を使わず、ソースの流れを追いやすい、シンプルなスレッド構成としていますので、完全な実装に向けての拡張などはやりにくく、性能も向上しにくい構成です。

　本書では「ユーザランドの一般的なプログラミングでも、意外と簡単にネットワークプロトコルの基本的な処理は実現できる」ということを体感してもらうことを想定して、シンプルなソースコードで作りました。そのため、理解はしやすいと思いますが、高機能化や高性能化はやりにくいソースコードです。

　より実践的なプログラミングに関しては、Linux カーネルやデバイスドライバなどのソースを参考にすると勉強になります。

　なお、本書のサンプルプログラムは、以下からダウンロードできます。

`http://gihyo.jp/book/2018/978-4-7741-9744-9`

実行環境の調整

　本書のサンプルプログラムの実行例では、CentOS7.0 の 64bit 環境を使用しています。Linux であれば他のバージョン、ディストリビューションでも動くプログラムだと思いますが、うまく動かせない場合は読者の皆さんで調べてみてください。調べること自体もとても良い勉強になります。また、実行例では CentOS7.0 を VM（Virtual Machine）で動かしています。VM でも物理マシンでも問題なく動くプログラムですが、少しだけ注意点がありますので、以下の内容を元にそれぞれの環境で調整してみてください。

　Linux カーネルやデバイスドライバでは、処理を高速にするとともに CPU 負荷を下げるため、各種のオフロード機能が実装されてきました。チェックサム計算をネットワークインターフェース側に任せるオフロードはよく使われています。最近では VM 環境で、1 つの VM ホスト内での VM ゲスト間の通信を高速化するために、複数の送信パケットをデバイスドライバ側でまとめるだけでなく、複数の受信パケットもまとめてから処理に回すなど、PF_PACKET と相性が悪い機能も多く実装され、しかもデフォルトで有効になっている環境が多くなりました。特に、複数のパケットをまとめるオフロード機能が有効な場合、PF_PACKET で読込サイズを大きくすれば受信はできるものの、受信したパケットを大きなサイズのまま送信しようとするとエラーになりますので、中継するような処理を作る際には知らないとサッパリ分からない状態に陥ります。

　PF_PACKET で送受信する場合には、使用するネットワークデバイスのオフロード機能を無効化しておくのをおすすめします。

```
# ethtool -K デバイス名 lro off
# ethtool -K デバイス名 tso off
# ethtool -K デバイス名 rx off
# ethtool -K デバイス名 tx off
# ethtool -K デバイス名 sg off
# ethtool -K デバイス名 ufo off
# ethtool -K デバイス名 gso off
# ethtool -K デバイス名 gro off
```

もくじ

はじめに ……………………………………………………………………………………………… 3

第1章
本書で扱うプロトコル ……………………………………………… 13

1-1 **ネットワークプロトコルのおさらい** …………………………………… 14
■イーサネット：MAC（Media Access Control）アドレス ……………………… 15
■ ARP（Address Resolution Protocol）…………………………………… 16
■ IP（Internet Protocol）……………………………………………………… 18
■ ICMP（Internet Control Message Protocol）…………………………… 19
■ UDP（User Datagram Protocol）………………………………………… 20
■ DHCP（Dynamic Host Configuration Protocol）…………………… 21
■ TCP（Transmission Control Protocol）………………………………… 22

1-2 **階層化されたネットワークプロトコルのイメージ** ……………………… 25
■ TCPでコネクトするときに流れるデータは？……………………………………… 25

第2章
pingのやり取りが可能な
ホストプログラムを作ろう
　～仮想IPホストプログラム：第一段階 ………… 29

2-1 **仮想IPホストの第一目標** ………………………………………………… 30
■実現する機能 …………………………………………………………………… 31
■設定ファイル …………………………………………………………………… 31
■スレッドの構成 ………………………………………………………………… 32
■関数の構成 ……………………………………………………………………… 33
■ソースファイルの構成 ………………………………………………………… 36

6

2-2 プログラムのメイン処理 〜 main.c ················· 37

■ヘッダファイルのインクルードと変数の宣言 ················· 37

■受信処理 ················· 38

■コマンドの入力処理を行う ················· 39

■終了処理を行う ················· 40

■インターフェースの情報を出力する ················· 41

■ main 関数の記述 ················· 42

2-3 パラメータを読み込んで格納する
〜 param.c、param.h ················· 46

■必要な値を定義する ················· 46

■パラメータ情報を保持する構造体を定義する ················· 46

■関数のプロトタイプ宣言 ················· 47

■ヘッダファイルのインクルードと変数の宣言 ················· 47

■パラメータのデフォルト値をセットしてファイルから読み込む ················· 48

■ IP アドレスとサブネットのチェック ················· 50

2-4 ネットワークユーティリティ関数を準備する
〜 sock.c、sock.h ················· 52

■関数のプロトタイプ宣言 ················· 52

■ヘッダファイルのインクルード ················· 52

■チェックサムを計算する ················· 53

■ MAC アドレスを調べる ················· 55

■処理を一時待機させる ················· 56

■ソケットを PF_PACKET として初期化して送受信に備える ················· 56

2-5 イーサネットフレームの送受信を行う
〜 ether.c、ether.h ················· 59

■関数のプロトタイプ宣言 ················· 59

■ヘッダファイルのインクルードと変数の宣言 ················· 59

■文字列とバイナリの変換 ················· 60

■ 16 進ダンプを行う ················· 61

■イーサネットフレームを表示する ················· 62

■イーサネットの送受信と内容のチェック ················· 63

2-6 宛先 MAC アドレスを調べて ARP テーブルにキャッシュする
〜 arp.c、arp.h ················· 66

■関数のプロトタイプ宣言 ················· 66

もくじ 7

■ヘッダファイルのインクルードと変数の宣言 ･･････････････････････ 66

■ ARP ヘッダの IP アドレスを文字列に変換する ････････････････････ 68

■ ARP ヘッダを表示する ･･ 68

■ ARP テーブルへデータを追加する ････････････････････････････････ 70

■ ARP テーブルを削除する ･･ 72

■ ARP テーブルを検索する ･･ 73

■ ARP テーブルを表示する ･･ 73

■宛先 MAC アドレスを調べる ･･････････････････････････････････････ 74

■イーサネットに ARP パケットを送信する ････････････････････････ 76

■ Gratuitous ARP を送信する ････････････････････････････････････ 76

■ ARP 要求を送信する ･･ 77

■ IP アドレスの重複をチェックする ･･････････････････････････････ 78

■ ARP パケットを受信する ･･ 78

2-7　IP パケットの送受信処理を行う　〜 ip.c、ip.h ･････････････ 80

■関数のプロトタイプ宣言 ･･ 80

■ヘッダファイルのインクルードと変数の宣言 ･･････････････････････ 80

■ IP ヘッダを表示する ･･ 82

■ IP 受信バッファを初期化してデータを追加する ････････････････ 83

■ IP 受信バッファを削除する ････････････････････････････････････ 84

■ IP 受信バッファを検索する ････････････････････････････････････ 85

■ IP パケットを受信する ･･ 85

■ IP パケットをイーサネットに送信する ････････････････････････ 87

■ IP パケットを送信する ･･ 89

2-8　ICMP パケットの送受信を行う　〜 icmp.c、icmp.h ･･････････ 91

■関数のプロトタイプ宣言 ･･ 91

■ヘッダファイルのインクルードと変数の宣言 ･･････････････････････ 91

■ ICMP ヘッダを表示する ･･ 92

■ ICMP エコー応答を送信する ････････････････････････････････････ 94

■ ICMP エコー要求を送信する ････････････････････････････････････ 95

■受信した ICMP パケットを処理する ････････････････････････････ 96

■ ICMP エコー応答をチェックする ････････････････････････････････ 97

2-9　コマンドを解析して処理する　〜 cmd.c、cmd.h ･･････････････ 99

■関数のプロトタイプ宣言 ･･ 99

■ヘッダファイルのインクルードと変数の宣言 ･･････････････････････ 99

■コマンドごとに処理を行う ･･････････････････････････････････････ 100

■■各コマンド処理への分岐 ································· 102

2-10 仮想 IP ホストプログラムを実行する ············· 104

■■ Makefile：make ファイル ·························· 104

■■ビルド ··· 104

■■設定ファイルの準備 ······························ 105

■■実行する ······································· 105

2-11 まとめ ·· 117

コラム　本書誕生のきっかけ ······················· 118

第3章
UDP通信に対応させ、
DHCPクライアント機能を実装しよう
～仮想IPホストプログラム：第二段階 ········· 119

3-1 仮想 IP ホストの第二目標 ························· 120

■■実現する機能 ···································· 120

■■設定ファイル ···································· 121

■■スレッド構成 ···································· 122

■■関数構成 ·· 123

■■ソースファイル構成 ······························ 127

3-2 メイン処理に、UDP に関する処理を追加する　～ main.c ······ 128

■■ UDP、DHCP 関連のヘッダファイルを追加インクルードする ······· 128

■■終了時にリース解放を行う ························· 128

■■リース時間情報を設定する ························· 129

3-3 設定情報に DHCP 関連の情報を追加する
**　～ param.c、param.h** ····························· 131

■■リース時間の変数を宣言する ······················ 131

■■リース時間を読み込む ···························· 131

3-4 IP パケットの処理に UDP パケットの送受信を追加する
**　～ ip.c、ip.h** ·································· 134

■■ UDP 関連のヘッダファイルをインクルードする ··············· 134

もくじ　9

▧ UDP パケットの受信処理を追加する ……………………………………………… 134

3-5　ICMP パケットの処理に UDP で必要な処理を追加する
　　　～ icmp.c、icmp.h …………………………………………………………… 136

▧ ICMP Destination Unreachable の関数を宣言する ………………………… 136
▧ 到達不能メッセージを送信する ……………………………………………………… 136

3-6　UDP のコマンド処理を追加する　～ cmd.c、cmd.h ………………… 138

▧ UDP 関連のプロトタイプ宣言 ……………………………………………………… 138
▧ UDP 関連のヘッダファイルをインクルードする ……………………………… 138
▧ 文字列データを作成する ……………………………………………………………… 138
▧ IP 割り当ての情報を表示する ……………………………………………………… 139
▧ UDP テーブルの状態を表示する …………………………………………………… 140
▧ UDP に関するコマンドを処理する ………………………………………………… 141
▧ UDP コマンド処理への分岐を追加する ………………………………………… 142

3-7　UDP の処理を行う　～ udp.h、udp.c …………………………………… 145

▧ 関数のプロトタイプ宣言 ……………………………………………………………… 145
▧ ヘッダファイルのインクルードと変数の宣言 …………………………………… 145
▧ UDP ヘッダ情報を表示する ………………………………………………………… 147
▧ チェックサムの計算を行う …………………………………………………………… 147
▧ UDP テーブルの追加、検索、表示をする ……………………………………… 148
▧ 空きポートの検索 ……………………………………………………………………… 150
▧ 受信ポートを準備する ………………………………………………………………… 150
▧ 受信ポートをクローズする …………………………………………………………… 151
▧ UDP の送信を行う …………………………………………………………………… 152
▧ UDP の受信処理を行う ……………………………………………………………… 154

3-8　ネットワークアドレスを動的に割り当ててもらう
　　　～ dhcp.h、dhcp.c ……………………………………………………………… 156

▧ 定数や構造体を定義する ……………………………………………………………… 156
▧ 関数のプロトタイプ宣言 ……………………………………………………………… 157
▧ ヘッダのインクルードと変数の宣言 ……………………………………………… 158
▧ DHCP パケットの情報をオプションごとに表示する ………………………… 159
▧ DHCP のオプションの処理 ………………………………………………………… 162
▧ DHCP リクエストデータを作成する ……………………………………………… 164
▧ DHCP 各種送信処理 ………………………………………………………………… 166
▧ 受信した DHCP パケットを解析する …………………………………………… 168

3-9　仮想 IP ホストプログラムを実行する ………………………………………… 171

▓ Makefile：make ファイル ……………………………………………………… 171

▓ビルド ……………………………………………………………………………… 171

▓設定ファイルの準備 ……………………………………………………………… 172

▓実行 ………………………………………………………………………………… 172

3-10　まとめ ………………………………………………………………………… 190

第4章
TCP機能の基本機能を追加しよう
〜仮想IPホストプログラム：第三段階 ……… 191

4-1　仮想 IP ホストの第三目標 …………………………………………………… 192

▓実現する機能 ……………………………………………………………………… 192

▓設定ファイル ……………………………………………………………………… 193

▓スレッド構成 ……………………………………………………………………… 194

▓関数構成 …………………………………………………………………………… 195

▓ソースファイル構成 ……………………………………………………………… 201

4-2　メイン処理に、TCP に関する処理を追加する　〜 main.c …………… 202

▓ TCP 関連のヘッダファイルを追加インクルードする ……………………… 202

▓終了時に TCP 接続を切断する ………………………………………………… 202

▓最大セグメントサイズを表示する …………………………………………… 203

4-3　設定情報に TCP 関連の情報を追加する
　　　〜 param.c、param.h ……………………………………………………… 204

▓デフォルト値の定義と最大セグメントサイズの変数の追加 ………………… 204

▓ TCP 用のヘッダをインクルードする ………………………………………… 205

▓最大セグメントサイズのデフォルト値を設定する …………………………… 205

▓最大セグメントサイズを読み込む …………………………………………… 206

4-4　IP パケットの処理に TCP パケットの送受信を追加する
　　　〜 ip.c、ip.h ………………………………………………………………… 208

▓ TCP 関連のヘッダファイルをインクルードする …………………………… 208

▓ TCP パケットの受信処理を追加する ………………………………………… 208

もくじ　11

4-5 TCPのコマンド処理を追加する　〜 cmd.c、cmd.h 211

■ TCP関連のプロトタイプ宣言 211
■ TCP関連のヘッダファイルをインクルードする 211
■データの生存時間や転送時間などの設定値を表示する 211
■ TCPテーブルの状態を表示する 212
■ TCPに関するコマンドを処理する 213
■ TCPコマンド処理への分岐を追加する 215

4-6 TCPの処理を行う　〜 tcp.h、tcp.c 216

■関数のプロトタイプ宣言 216
■ヘッダファイルのインクルードと変数の宣言 217
■ TCPヘッダの情報を表示する 220
■ TCP状態の文字表記を得る 221
■チェックサムの計算を行う 222
■ TCPテーブルの追加、検索、表示をする 223
■空きポートの検索 225
■接続受付準備を行う 226
■ポートをクローズする 226
■ SYN、FIN、RST、ACKの送信を行う 227
■直接宛先指定でRSTを送信する 231
■接続を行う 232
■接続を解除する 233
■データを送信する 236
■ TCPの受信処理を行う 239

4-7 仮想IPホストプログラムを実行する 245

■ Makefile：makeファイル 245
■ビルド 245
■設定ファイルの準備 246
■実行 246

4-8 まとめ 266

おわりに 267

さくいん 269

第1章

本書で扱うプロトコル

1-1
ネットワークプロトコルの
おさらい

　コンピューター同士が通信を行う場合、プロトコル（規約）が必要で、お互いに理解できる約束事を守って通信を行うことでやりとりが成立します。本書ではイーサネットでよく使われる、IP（Internet Protocol）、ARP（Address Resolution Protocol）、ICMP（Internet Control Protocol）、UDP（User Datagram Protocol）、TCP（Transmission Control Protocol）、DHCP（Dynamic Host Control Protocol）を扱います。

図 1-1　本書で扱うプロトコル

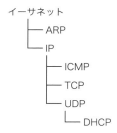

　それぞれのプロトコルを完全に扱うと規模が大きくなりすぎ、全体の流れが追いにくくなってしまいますので、実際に動かして様子を観察するために必要な部分を選択して実装していきます。

■ イーサネット：
MAC（Media Access Control）アドレス

図 1-2　イーサネットフレーム

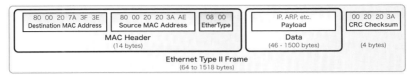

　イーサネットフレームには DIX 仕様と IEEE 802.3 仕様がありますが、タイプの部分が長さになることがあるかどうかの違いだけなので、互換性があります。実際に使われている通信ではほとんどが DIX 仕様でしょう。イーサネットヘッダ（MAC ヘッダ）には、

- Destination MAC Address：宛先 MAC アドレス
- Source MAC Address：送信元 MAC アドレス
- Ether Type：タイプ

の 3 つのデータが格納されます。宛先が送信元より先に出てくるのはイーサネットヘッダだけです。他は送信元が先ですので気をつけましょう。タイプには ETHERTYPE_IP：0x0800 や ETHERTYPE_ARP：0x0806 などの数値が入ります。MAC アドレスは 6 バイトで、先頭が 0x02 だとローカルアドレス（厳密にはマルチキャストも絡んできます）で、全てが 0xFF の場合はブロードキャストとなります。ローカルアドレスは閉じた環境で使うものであり、市販されているネットワーク機器は IEEE に割り当ててもらったベンダーコードを含むユニバーサルアドレスを持っています。自作仮想 IP ホストプログラムでは、自分の MAC アドレスを設定ファイルで指定できるようにします。

　送信する際には、送信元 MAC アドレスに自分の MAC アドレスを指定し、宛先 MAC アドレスには ARP で調べた送信先の MAC アドレスを指定し、ETHERTYPE_IP や ETHERTYPE_ARP をタイプに指定して送出します。

　受信する際には、宛先 MAC アドレスが自分の MAC アドレスもしくはブロードキャスト宛なら受信するようにします。マルチキャストは本書のサンプルでは対応し

ません。

■ ARP（Address Resolution Protocol）

図 1-3　ARP パケット

0	1	2	3

0 1 2 3 4 5 6 7 8 9 0 1 2 3 4 5 6 7 8 9 0 1 2 3 4 5 6 7 8 9 0 1

Hardware address space	Protocol address space

hard-addr-len	proto-addr-len	Operation Code

Hardware address of sender

	Protocol address of sender

	Hardware address of target

(if known)	

Protocol address of target

　IP アドレスから MAC アドレスを調査するためのプロトコルが ARP です。宛先やデフォルトゲートウェイの MAC アドレスを調べる際に使います。他にもアドレス重複を調べたり、スイッチの MAC アドレステーブルを更新させるためにも使います。RFC826『An Ethernet Address Resolution Protocol』に ARP の基本が記述されているので、確認するのも良いでしょう。
　ARP パケットは、

・ハードウェアアドレススペース：イーサネットでは ARPHRD_ETHER
・プロトコルアドレススペース：IP では ETHERTYPE_IP：0x0800
・ハードウェアアドレス長さ：イーサネットでは 6
・プロトコルアドレス長さ：IP では 4
・オペレーションコード：ARPOP_REQUEST：1、ARPOP_REPLY：2
・送信元ハードウェアアドレス
・送信先プロトコルアドレス
・対象ハードウェアアドレス

・対象プロトコルアドレス

などの情報が格納されます。プロトコルアドレススペースやオペレーションコード
は他にもありますが、本書ではここに記載した値しか使いません。
　実際の ARP 要求と ARP 応答では次のような内容が入ります。

図 1-4　ARP 要求

0	1	2	3
0 1 2 3 4 5 6 7 8 9	0 1 2 3 4 5 6 7 8 9	0 1 2 3 4 5 6 7 8 9	0 1

ARPHRD_ETHER(1)		ETHERTYPE_IP(0x0800)	
6	4	ARPOP_REQUEST(1)	
自分のMACアドレス			
		自分のIPアドレス	
		全て0	
対象のIPアドレス			

図 1-5　ARP 応答

0	1	2	3
0 1 2 3 4 5 6 7 8 9	0 1 2 3 4 5 6 7 8 9	0 1 2 3 4 5 6 7 8 9	0 1

ARPHRD_ETHER(1)		ETHERTYPE_IP(0x0800)	
6	4	ARPOP_REPLY(2)	
対象のMACアドレス			
		対象のIPアドレス	
		自分のMACアドレス	
自分のIPアドレス			

1-1　ネットワークプロトコルのおさらい　17

■ IP（Internet Protocol）

図1-6　IPヘッダ

Version	IHL	Type of Service	Total Length	
Identification			Flags	Fragment Offset
Time to Live		Protocol	Header Checksum	
Source Address				
Destination Address				
Options			Padding	

　IPは、IPアドレスを宛先とした送受信を行うためのプロトコルです。IPアドレスによる送信元／送信先アドレスが指定されます。MACアドレスでなくIPアドレスで宛先を決めて送受信するのは、単純にわかりやすくするとか、ユーザが指定可能にするためだけではなく、ルータを介して複数のセグメントを経由して送受信するためという目的も大きいのです。

　IPヘッダはIPv4で使いますので、Versionには4が入ります。ちなみに本書では扱いませんが、IPv6ヘッダにもVersionがあり、その場合は6が入ります。なお、IPヘッダのVersionを6にするだけではIPv6にはなりません。

　IPヘッダにはあまり使われませんが、可変長のOptionsがあり、IHLのIPヘッダの長さでIPヘッダのサイズがわかるようになっています。ここには実際のサイズを4で割った値を格納します。Type of Serviceには優先度などが指定できますが、あまり効果的に使われているのは見たことがありません。Total LengthはIPヘッダを含むパケットの全長が入り、16ビットで最大値65,535です。

　また、Identification、Flags、Fragment Offsetでデータの分割送信にも対応しています。イーサネットフレームでIPパケットを送信する場合はイーサネットフレームのフレームサイズ以内でしか一度に送信できませんので、それより大きなデータを送信する場合には分割して送信し、受信側で結合して使用します。Flagment Offsetは13ビットですので8,191までですが、この値を8倍した値

18　第1章　本書で扱うプロトコル

をオフセット値として使用しますので、65,528が最大のオフセット値です。もっとも、IPにはロスした場合の再送の仕組みなどがありませんので、IPでの分割送信は実際には使いにくい場合が多く、TCP側の仕組みに任せるか、UDPの場合は一度に送信できる範囲で使う場合が多いのが実情です。

Time to Live（TTL）には何回ルータで仲介されたかのカウントを格納し、永遠にループし続けることを防ぐ役目があります。

IPヘッダに続けてデータをカプセル化したパケットを送りますが、基本的にはUDPやTCP、ICMPなどでカプセル化したデータが入り、そのプロトコル番号がProtocolフィールドに指定されます。

Header Checksumは、IPヘッダ部分だけのチェックサムです。

RFC791『INTERNET PROTOCOL』に基本が記載されているので、確認しておきましょう。

■ ICMP（Internet Control Message Protocol）

図1-7　ICMPパケット

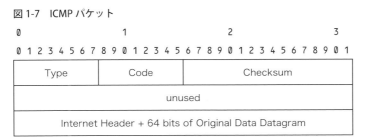

ICMPはインターネット・プロトコルのデータグラム処理における誤りの通知や通信に関する情報の通知などのために使用されますが、一般的になじみ深いのはpingで使用するパケットというイメージでしょう。RFC792『INTERNET CONTROL MESSAGE PROTOCOL』に基本が記述されています。

TypeとCodeによりさまざまな目的に応じて使用されます。ChecksumはTypeからのICMPパケット全体のチェックサムです。

本書のサンプルでは、ping相当の機能のためにEcho RequestとEcho Replyを、UDPの対象外ポートを知らせるためにDestination Unreachableを扱ってみます。

■ UDP（User Datagram Protocol）

図 1-8　UDP パケット

```
0                   1                   2                   3
0 1 2 3 4 5 6 7 8 9 0 1 2 3 4 5 6 7 8 9 0 1 2 3 4 5 6 7 8 9 0 1
```

Source Port	Destination Port
Length	Checksum
options(variable)	

UDP は RFC768 に規定されています。基本的には IP に対してポート番号とチェックサムが追加されただけのプロトコルで、チェックサムも 0 を指定して使用しないことも可能です。プロトコルの役割としては IP アドレスに加えてポート番号でパケットを区別するためだけのプロトコルと言えるでしょう。

図 1-8 の Source Port から Checksum までが UDP ヘッダです。

Source Port は送信元ポート番号、Destination Port は宛先ポート番号です。

Length は UDP ヘッダとデータを合計したものです。

Checksum は図 1-9 の疑似ヘッダが UDP パケットの前についていると仮定して全体を計算したものです。IP ヘッダからチェック対象にすべきものを抜粋したものが疑似ヘッダです。TCP でも同じ疑似ヘッダを使用してチェックサムを計算します。UDP では Checksum に 0 を指定することで、チェックサムを使用しないことが可能です。

図 1-9　疑似ヘッダ

```
0                   1                   2                   3
0 1 2 3 4 5 6 7 8 9 0 1 2 3 4 5 6 7 8 9 0 1 2 3 4 5 6 7 8 9 0 1
```

source address		
destination address		
zero	protocol	UDP length

第 1 章　本書で扱うプロトコル

■ DHCP（Dynamic Host Configuration Protocol）

図 1-10　DHCP パケット

0	1	2	3

0 1 2 3 4 5 6 7 8 9 0 1 2 3 4 5 6 7 8 9 0 1 2 3 4 5 6 7 8 9 0 1

op(1)	htype(1)	hlen(1)	hope(1)
xid(4)			
sect(2)		flags(2)	
ciaddr (4)			
yiaddr (4)			
siaddr (4)			
giaddr (4)			
chaddr (16)			
sname　(64)			
file　(64)			
options (variable)			

　DHCP は RFC2131 に規定されており、BOOTP（RFC951）をベースに IP アドレスの再利用などを可能にするために拡張されたプロトコルです。UDP のポート番号 67 番、68 番を使用します。BOOTP との互換性を持たせるために、DHCP で拡張された機能の実現のほとんどはオプションフィールドを使って実現されており、DHCP パケットの固定フィールドだけを見ても肝心のメッセージタイプすらわからないという、少し変わったプロトコルです。

　IP アドレスの取得は、クライアントが DHCPDISCOVER を送信し、サーバから DHCPOFFER を応答して、クライアントから DHCPREQUEST を送信し、サーバから DHCPACK を応答するという流れで行います。延長は DHCPREQUEST と DHCPACK で行い、開放は DHCPRELEASE をクライアントから送信します。サーバからの応答には、IP アドレスの他に、ネットワーク設定に必要なさまざまな

1-1　ネットワークプロトコルのおさらい　　21

オプションを含めることが可能です。

　DHCP はさまざまな目的に合わせたオプションが多数使用され、DHCP の説明だけでもかなりのボリュームになってしまいます。本書では UDP の例として扱いますので、単純にアドレスを取得、延長、開放するだけの範囲に留めておきます。

■ TCP（Transmission Control Protocol）

図 1-11　TCP パケット

```
0                   1                   2                   3
0 1 2 3 4 5 6 7 8 9 0 1 2 3 4 5 6 7 8 9 0 1 2 3 4 5 6 7 8 9 0 1
```

Source Port								Destination Port	
Sequence Number									
Acknowledgment Number									
Data Offset	Reserved	URG	ACK	PSH	RST	SYN	FIN	Window	
Checksum								Urgent Pointer	
Options									Padding
data									

　TCP は RFC793 に規定されており、UDP 同様にポート番号とチェックサムがヘッダに存在しますが、さらにシーケンス番号、ACK 番号、TCP ヘッダの長さ、コントロールビット、ウインドウ、緊急ポインタ、さらにオプションが存在します。これらを使って状態遷移や再送制御、ウインドウスケーリングなどを実現しています。

　接続時には、SYN → SYN+ACK → ACK の 3 ウェイハンドシェークで接続を確立し、切断時には FIN → FIN+ACK → ACK で切断します。

　図 1-11 の Source Port から Padding までが TCP ヘッダです。

　Source Port は送信元ポート番号、Destination Port は宛先ポート番号です。

　Sequence Number は送信側が付与する送信データの順番を示す番号で、通信開始時の値は接続を開始する SYN 送出時にランダムに決められます。それ以

22　第 1 章　本書で扱うプロトコル

降、送信したデータのサイズを加算、もしくは SYN、FIN で値を 1 加算します。Acknowledgment Number は受信側が応答する次に受信したいシーケンス番号です。

　Data Offset は 32 ビット単位での TCP ヘッダの長さで、URG、ACK、PSH、RST、SYN、FIN はコントロールビットです。Window は受信側が一度に受信可能なサイズです。

　Checksum は図 1-12 の疑似ヘッダが TCP パケットの前についていると仮定して全体を計算したものです。UDP と同じ計算方法です。

図 1-12　疑似ヘッダ

0										1										2										3	
0	1	2	3	4	5	6	7	8	9	0	1	2	3	4	5	6	7	8	9	0	1	2	3	4	5	6	7	8	9	0	1

source address		
destination address		
zero	protocol	TCP length

　Urgent Pointer は緊急データのために使われますが本書では扱いません。

　Options には TCP の拡張オプションが複数指定できるフィールドです。ここも本書では扱いません。

　TCP では、接続確立状態のほか、さまざまな状態があります。これは SYN やFIN などのパケットが失われる可能性を配慮して考えられているためです。RFC793 に紹介されている有名な図が一番概要を理解しやすいと思います。

図 1-13　TCP 接続確立状態ダイアグラム

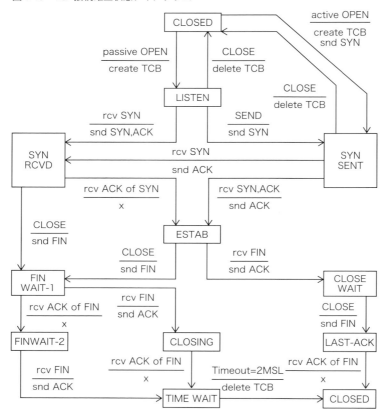

1-2
階層化された
ネットワークプロトコルのイメージ

　ネットワークの説明をするときに毎回悩むのが、低いレイヤーから説明するべきか?ということなのですが、今回は多くの人が身近に感じている高いレイヤーから説明してみることにします。

■ TCP でコネクトするときに流れるデータは?

　TCP ではデータのやりとりをする前に接続状態を作る必要があります。接続要求を受け付けるサーバ側と、接続しに行くクライアント側がありますが、ここではクライアント側の様子を見てみましょう。

　TCP の通信は「TCP ヘッダ+データ」の TCP パケットで行われます。接続する際にはデータがつかない TCP ヘッダだけのパケットが流れます。ソケットプログラミングで connect() すると、カーネルはどのような処理を行うと思いますか。

　connect() では、接続先を sockaddr_in 構造体で指定します。sockaddr_in には sin_family と sin_addr、sin_port があり、それぞれ AF_INET、接続先の IP アドレス、接続先のポート番号を指定します。これらの宛先情報を元に、TCP パケットを準備します。

　sockaddr_in 構造体は /usr/include/netinet/in.h に定義されています。

```
/* Structure describing an Internet socket address.  */
struct sockaddr_in
  {
    __SOCKADDR_COMMON (sin_);
    in_port_t sin_port;                 /* Port number.  */
    struct in_addr sin_addr;            /* Internet address.  */

    /* Pad to size of `struct sockaddr'.  */
    unsigned char sin_zero[sizeof (struct sockaddr) -
```

```
                    __SOCKADDR_COMMON_SIZE -
                    sizeof (in_port_t) -
                    sizeof (struct in_addr)];
  };
```

　__SOCKADDR_COMMON は /usr/include/bits/sockaddr.h に定義されて
います。

```
#define __SOCKADDR_COMMON(sa_prefix) ¥
  sa_family_t sa_prefix##family
```

図 1-14　TCP パケット

0	1	2	3

```
0 1 2 3 4 5 6 7 8 9 0 1 2 3 4 5 6 7 8 9 0 1 2 3 4 5 6 7 8 9 0 1
```

Source Port		Destination Port	
Sequence Number			
Acknowledgment Number			
Data Offset	Reserved	U R G / A C K / P S H / R S T / S Y N / F I N	Window
Checksum		Urgent Pointer	
Options			Padding
data			

　TCP パケットは図 1-14 のような構造です。ここに自分のポート番号、接続先
のポート番号、SYN フラグを 1 にするなど、必要な情報をセットして TCP パケッ
トを作ります。しかし、TCP パケットをそのままイーサネットに流すだけではいけ
ません。まずは IP ヘッダを付ける必要があります。

図 1-15　IP ヘッダ

```
 0                   1                   2                   3
 0 1 2 3 4 5 6 7 8 9 0 1 2 3 4 5 6 7 8 9 0 1 2 3 4 5 6 7 8 9 0 1
```

Version	IHL	Type of Service	Total Length		
Identification			Flags	Fragment Offset	
Time to Live		Protocol	Header Checksum		
Source Address				
Destination Address				
Options					Padding

　IP パケットでのポイントは送信元 IP アドレスと送信先 IP アドレスです。これで宛先が指定できます。

　IP パケットをイーサネットフレームに入れればイーサネットに送出することができます。

図 1-16　イーサネットフレーム

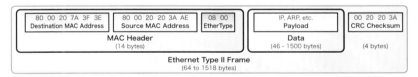

　イーサネットヘッダには送信先 MAC アドレスと送信元 MAC アドレスがありますが、これらは connect() で指定されていません。MAC アドレスは、カーネルが ARP を使って調べることになっています。

このように、ソケットライブラリで connect() を実行すると、カーネル内で TCP パケット→ IP パケット→イーサネットフレームと階層化されてネットワークインターフェースから送出されます。
　これまでの流れをまとめると図 1-17 のようになります。

図 1-17　ソケットライブラリでの一般的な TCP データ送信

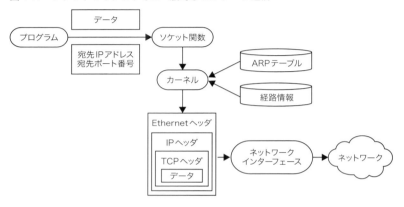

図 1-18　本書で作成する TCP データ送信

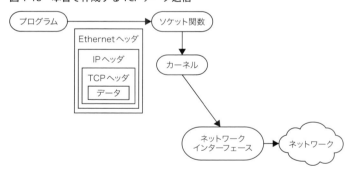

　次章から、図 1-18 のようにイーサネットフレーム以下を全て自分で作り、送受信して理解してみましょう。

第2章

ping のやり取りが可能な
ホストプログラムを作ろう

～仮想 IP ホストプログラム：
第一段階

2-1
仮想IPホストの第一目標

　仮想 IP ホストを自作してネットワークに参加してみることを体験しつつ、ネットワークの理解を深めることを目的とします。第一段階での目標を決めてみましょう。

　・自分の MAC アドレスを指定できる
　・自分の IP アドレスとネットマスクを指定できる
　・デフォルトゲートウェイを指定できる
　・ブロードキャストが受信できる
　・他の IP ホストと ping のやりとりができる

　自分の MAC アドレスや IP アドレスを指定できるというのは、もちろん、単に設定できるだけではなく、自分宛の通信を受信できるということですし、そのアドレスから送信ができるということです。

　仮想 IP ホストを自作してみることで、IP 通信の基本を理解しましょう。イーサネットに参加するためには、MAC アドレスが必要です。せっかくリンクレイヤープログラミングを行うので、自由に MAC アドレスを指定できるようにしてみます。その MAC アドレスに対して IP アドレスを指定し、指定した IP アドレスを探す ARP 要求に応答することで、まずは IP ネットワークに存在を示すことができます。また、自分側から通信する実験として ping 同等機能を実装してみます。自分から IP パケットを送信するためには、宛先の IP アドレスから MAC アドレスを ARP で調べ、ARP テーブルを管理する必要があります。さらに、宛先が同一サブネットでない場合にはデフォルトゲートウェイ宛に送信することで他のセグメントとも通信ができますので、サブネットとデフォルトゲートウェイも指定できるようにします。まずはここまで実現してみます。

■実現する機能

- ・指定した仮想 IP アドレス宛の ARP 要求に対して仮想 MAC アドレスを応答する
- ・自分宛の ICMP エコー要求に応答する
- ・ARP 要求を送信し、ARP テーブルを管理する
- ・ICMP エコー要求を送信し、応答を受信して ping 同等に RTT を表示する
- ・他のセグメントとの通信も可能に

図 2-1　第一段階でのパケットの流れ

他ホスト デフォルト ゲートウェイ			ネットワーク デバイス	←PF_PACKET→	MyEth{vmac,vip,vmask,gateway}	
	vip 宛 ARP リクエスト→			→		
	← ARP リプライ			←		
	vip 宛 ICMP エコー リクエスト→			→		
	← ICMP エコーリプライ			←		
	← ARP リクエスト			←		
	ARP リプライ→			→		→ ARP テーブル
	← ICMP エコーリクエスト			←		
	ICMP エコーリプライ→			→		
	ARP リプライ→			→		→ ARP テーブル
	← ICMP エコーリクエスト			←		
	ICMP エコーリプライ→			→		

■設定ファイル

デフォルト：./MyEth.ini

起動時の引数で指定することも可能

- ・IP-TTL の行は IP ヘッダの TTL を指定できる。デフォルトは 64
- ・MTU：IP パケットの MTU。デフォルトは 1500
- ・device：対象ネットワークデバイス

2-1　仮想 IP ホストの第一目標　　31

- vmac の行は仮想 MAC アドレスを指定する。物理 MAC アドレスと異なるものを指定する場合にはローカルアドレスを指定すること
- vip の行は仮想 IP アドレスを指定する
- vmask の行は仮想 IP アドレスを指定する
- gateway の行はデフォルトゲートウェイの IP アドレスを指定する

```
IP-TTL=64
MTU=1500
device=ens161
vmac=02:00:00:00:00:01
vip=192.168.0.100
vmask=255.255.255.0
gateway=192.168.0.254
```

■ スレッドの構成

　一般的にネットワークプログラミングでは main 関数からの直列的なプログラミングではなく、受信をトリガーにしたイベント駆動型のプログラミングをよく使いますが、どうしてもソースが追いにくくなります。本書ではあえて main 関数からの直列的なプログラミングとして、処理の流れを追いやすくすることを優先した構成にしました。

　直列的なプログラミングでも、スレッドを使わずに記述することもできますが、多重化が複雑になりますので、本書では「受信処理」「コマンド処理」をスレッドにしました。「メインスレッド」はパラメータ読込と初期化を行った後は何もせず、他からの受信を処理する「受信スレッド」と、コマンドを処理する「標準入力スレッド」の 3 つのスレッド構成で、本書の最終目標である TCP の処理まで進めます。

図 2-2　第一段階でのスレッド構成

main()：メインスレッド

MyEthThread()：受信スレッド
└── DeviceSocから受信
　　　　└── EtherRecv()：イーサネットフレーム受信処理
　　　　　　├── ArpRecv()：ARPパケット受信処理
　　　　　　│　　├── ArpAddTable()：ARPテーブルに格納
　　　　　　│　　└── ArpSend()：ARPパケット送信
　　　　　　└── IpRecv()：IPパケット受信処理
　　　　　　　　　└── IcmpRecv()：ICMPパケット受信処理

StdInThread()：標準入力スレッド
└── stdinから読込
　　　　└── DoCmd()：コマンド処理
　　　　　　├── DoCmdArp()：ARPコマンド処理
　　　　　　├── DoCmdPing()：pingコマンド処理
　　　　　　├── DoCmdIfconfig()：ifconfigコマンド処理
　　　　　　└── DoCmdEnd()：終了コマンド処理

▓関数の構成

　作成する関数の呼び出し関係をまとめます。標準関数とシステムコールは含めていません。

---

main()：メイン関数
　　SetDefaultParam()：デフォルトパラメータのセット
　　ReadParam()：パラメータの読み込み
　　IpRecvBufInit()：IP受信バッファ初期化
　　init_socket()：ソケット初期化
　　show_ifreq()：インターフェース情報の表示
　　　　GetMacAddress()：MACアドレス調査
　　sig_term()：終了関連シグナルハンドラ
　　MyEthThread()：送受信スレッド

2-1　仮想IPホストの第一目標　　33

EtherRecv()：イーサネットフレーム受信処理
ArpRecv()：ARP パケット受信処理
isTargetIPAddr()：ターゲット IP アドレスの判定
ArpAddTable()：ARP テーブルへの追加
ArpSend()：ARP パケットの送信
EtherSend()：イーサネットフレーム送信
IpRecv()：IP パケット受信処理
IpRecvBufAdd()：IP 受信バッファへの追加
IcmpRecv()：ICMP パケット受信処理
isTargetIPAddr()
IcmpSendEchoReply()：ICMP エコーリプライパケットの
送信
IpSend()：IP パケットの送信
GetTargetMac()：宛先 MAC アドレス取得
isSameSubnet()：同一サブネット判定
ArpSearchTable()：ARP テーブルの検索
ArpSendRequestGratuitous()：GARP パケッ
トの送信
ArpSend()
ArpSendRequest()：ARP 要求パケットの送信
ArpSend()
DummyWait()：少し待つ
IpSendLink()：IP パケットをリンクレイヤーで送信
EtherSend()
PingCheckReply()：ping 応答のチェック
IpRecvBufDel()：IP 受信バッファの削除
StdInThread()：標準入力スレッド
DoCmd()：コマンド処理
DoCmdArp()：ARP コマンド処理
ArpShowTable()：ARP テーブルの表示
ArpDelTable()：ARP テーブルの削除

DoCmdPing()：ping コマンド処理

  PingSend()：ping 送信

    IcmpSendEcho()：ICMP エコー要求の送信

      IpSend()

DoCmdIfconfig()：ifconfig コマンド処理

DoCmdEnd()：終了コマンド処理

ArpCheckGArp()：GARP での IP 重複チェック

  GetTargetMac()

ending()：終了処理

my_ether_aton()：MAC アドレスの文字列からバイナリへの変換

my_ether_ntoa_r()：MAC アドレスのバイナリから文字列への変換

my_arp_ip_ntoa_r()：ARP 用 IP アドレスのバイナリから文字列への変換

print_ether_header()：イーサネットフレームの表示

print_ether_arp()：ARP パケットの表示

print_ip()：IP パケットの表示

print_icmp()：ICMP パケットの表示

checksum()：チェックサム計算

checksum2()：2 データ用チェックサム計算

■ソースファイルの構成

　作成するソースファイル、ヘッダファイル、Makefile です。第一段階で作成したものをベースに、拡張して第二段階、段三段階と進めます。

main.c：メイン処理関連
param.c、param.h：パラメータ読み込み関連
sock.c、sock.h：チェックサムなどユーティリティ関数関連
ether.c、ether.h：イーサ関連
arp.c、arp.h：ARP 関連
ip.c、ip.h：IP 関連
icmp.c、icmp.h：ICMP 関連
cmd.c、cmd.h：コマンド処理関連
Makefile：make ファイル

2-2
プログラムのメイン処理
～ main.c

　初期化、スレッド起動、終了処理などプログラムの骨格となる関数を記述しています。

■ヘッダファイルのインクルードと変数の宣言

main.c

```c
#include    <stdio.h>
#include    <unistd.h>
#include    <stdlib.h>
#include    <string.h>
#include    <errno.h>
#include    <poll.h>
#include    <sys/ioctl.h>
#include    <netinet/ip_icmp.h>
#include    <netinet/if_ether.h>
#include    <linux/if.h>
#include    <arpa/inet.h>
#include    <sys/wait.h>
#include    <pthread.h>
#include    "sock.h"
#include    "ether.h"
#include    "arp.h"
#include    "ip.h"
#include    "icmp.h"
#include    "param.h"
#include    "cmd.h"

int     EndFlag=0;

int     DeviceSoc;

PARAM   Param;
```

必要なインクルードファイルを指定します。

EndFlag は終了関連のシグナルを受けた際に 1 として終了処理に進むための変数です。DeviceSoc は送受信する PF_PACKET のディスクリプタを格納します。Param は設定を保持するための構造体で、定義は param.h にあります。

■受信処理

main.c つづき

```c
void *MyEthThread(void *arg)
{
int     nready;
struct pollfd     targets[1];
u_int8_t     buf[2048];
int     len;

    targets[0].fd=DeviceSoc;
    targets[0].events=POLLIN|POLLERR;

    while(EndFlag==0){
        switch((nready=poll(targets,1,1000))){
            case     -1:
                if(errno!=EINTR){
                    perror("poll");
                }
                break;
            case     0:
                break;
            default:
                if(targets[0].revents&(POLLIN|POLLERR)){
                    if((len=read(DeviceSoc,buf,sizeof(buf)))<=0){
                        perror("read");
                    }
                    else{
                        EtherRecv(DeviceSoc,buf,len);
                    }
                }
                break;
        }
    }

    return(NULL);
```

```
}
```

　main() からスレッド起動される関数で、PF_PACKET の DeviceSoc を poll()
で監視し、受信レディになった際に read() で受信し、イーサネットフレーム解析
関数 EtherRecv() を実行します。監視対象は DeviceSoc の 1 つだけですが、
poll() でレディ待ちするとともにタイムアウトも行い、EndFlag の状態を確認でき
るようにします。EndFlag が 1 になった際にはループを抜け、関数を終了します。

▦コマンドの入力処理を行う

main.c つづき

```c
void *StdInThread(void *arg)
{
int     nready;
struct pollfd    targets[1];
char    buf[2048];

    targets[0].fd=fileno(stdin);
    targets[0].events=POLLIN|POLLERR;

    while(EndFlag==0){
        switch((nready=poll(targets,1,1000))){
            case    -1:
                if(errno!=EINTR){
                    perror("poll");
                }
                break;
            case    0:
                break;
            default:
                if(targets[0].revents&(POLLIN|POLLERR)){
                    fgets(buf,sizeof(buf),stdin);
                    DoCmd(buf);
                }
                break;
        }
    }

    return(NULL);
```

```
    }
```

　main() からスレッド起動される関数で、標準入力を poll() で監視し、読み込み
レディになった際に fgets() を実行して 1 行読み込み、cmd.c の DoCmd() を実
行し、コマンドの処理を行います。

■終了処理を行う

main.c つづき

```
void sig_term(int sig)
{
    EndFlag=1;
}
```

　終了関連のシグナルハンドラです。ハンドラ内では複雑な処理はせず、EndFlag
を 1 にするだけです。EndFlag を 1 にすると各スレッドがループを抜け、終了しま
す。

main.c つづき

```
int ending()
{
struct ifreq     if_req;

    printf("ending\n");

    if(DeviceSoc!=-1){
        strcpy(if_req.ifr_name,Param.device);
        if(ioctl(DeviceSoc,SIOCGIFFLAGS,&if_req)<0){
            perror("ioctl");
        }

        if_req.ifr_flags=if_req.ifr_flags&~IFF_PROMISC;
        if(ioctl(DeviceSoc,SIOCSIFFLAGS,&if_req)<0){
            perror("ioctl");
        }

        close(DeviceSoc);
        DeviceSoc=-1;
```

```
        }

    return(0);
}
```

　EndFlag が 1 になった際に main() から実行されます。DeviceSoc のプロミス
キャスモードを解除し、ディスクリプタをクローズします。

■インターフェースの情報を出力する

main.c つづき

```
int show_ifreq(char *name)
{
char    buf1[80];
int     soc;
struct ifreq    ifreq;
struct sockaddr_in    addr;

    if((soc=socket(AF_INET,SOCK_DGRAM,0))==-1){
        perror("socket");
        return(-1);
    }

    strcpy(ifreq.ifr_name,name);

    if(ioctl(soc,SIOCGIFFLAGS,&ifreq)==-1){
        perror("ioctl:flags");
        close(soc);
        return(-1);
    }

    if(ifreq.ifr_flags&IFF_UP){printf("UP ");}
    if(ifreq.ifr_flags&IFF_BROADCAST){printf("BROADCAST ");}
    if(ifreq.ifr_flags&IFF_PROMISC){printf("PROMISC ");}
    if(ifreq.ifr_flags&IFF_MULTICAST){printf("MULTICAST ");}
    if(ifreq.ifr_flags&IFF_LOOPBACK){printf("LOOPBACK ");}
    if(ifreq.ifr_flags&IFF_POINTOPOINT){printf("P2P ");}
    printf("\n");

    if(ioctl(soc,SIOCGIFMTU,&ifreq)==-1){
        perror("ioctl:mtu");
```

2-2　プログラムのメイン処理　〜 main.c　　41

```c
    }
    else{
        printf("mtu=%d¥n",ifreq.ifr_mtu);
    }

    if(ioctl(soc,SIOCGIFADDR,&ifreq)==-1){
        perror("ioctl:addr");
    }
    else if(ifreq.ifr_addr.sa_family!=AF_INET){
        printf("not AF_INET¥n");
    }
    else{
        memcpy(&addr,&ifreq.ifr_addr,sizeof(struct sockaddr_in));
        printf("myip=%s¥n",inet_ntop(AF_INET,&addr.sin_addr,buf1,sizeof(buf1)));
        Param.myip=addr.sin_addr;
    }

    close(soc);

    if(GetMacAddress(name,Param.mymac)==-1){
        printf("GetMacAddress:error");
    }
    else{
            printf("mymac=%s¥n",my_ether_ntoa_r(Param.mymac,buf1));
            }

    return(0);
}
```

　main から実行され、指定したデバイス名の情報を標準出力に出力します。他の
処理には使いませんが、せっかく調べるので、Param 構造体の myip にインター
フェースの IP アドレスを、mymac にインターフェースの MAC アドレスを格納し
ています。

■ main 関数の記述

main.c つづき

```c
int main(int argc,char *argv[])
{
char    buf1[80];
```

```c
int     i,paramFlag;
pthread_attr_t    attr;
pthread_t    thread_id;

    SetDefaultParam();

    paramFlag=0;
    for(i=1;i<argc;i++){
        if(ReadParam(argv[1])==-1){
            exit(-1);
        }
        paramFlag=1;
    }
    if(paramFlag==0){
        if(ReadParam("./MyEth.ini")==-1){
            exit(-1);
        }
    }

    printf("IP-TTL=%d¥n",Param.IpTTL);
    printf("MTU=%d¥n",Param.MTU);

    srandom(time(NULL));

    IpRecvBufInit();

    if((DeviceSoc=init_socket(Param.device))==-1){
        exit(-1);
    }

    printf("device=%s¥n",Param.device);
    printf("+++++++++++++++++++++++++++++++++++++++¥n");
    show_ifreq(Param.device);
    printf("+++++++++++++++++++++++++++++++++++++++¥n");

    printf("vmac=%s¥n",my_ether_ntoa_r(Param.vmac,buf1));
    printf("vip=%s¥n",inet_ntop(AF_INET,&Param.vip,buf1,sizeof(buf1)));
    printf("vmask=%s¥n",inet_ntop(AF_INET,&Param.vmask,buf1,sizeof(buf1)));
    printf("gateway=%s¥n",inet_ntop(AF_INET,&Param.gateway,buf1,sizeof(buf1)));

    signal(SIGINT,sig_term);
    signal(SIGTERM,sig_term);
    signal(SIGQUIT,sig_term);
```

2-2 プログラムのメイン処理 〜main.c

```
signal(SIGPIPE,SIG_IGN);

pthread_attr_init(&attr);
pthread_attr_setstacksize(&attr,102400);
pthread_attr_setdetachstate(&attr,PTHREAD_CREATE_DETACHED);
if(pthread_create(&thread_id,&attr,MyEthThread,NULL)!=0){
    printf("pthread_create:error¥n");
}
if(pthread_create(&thread_id,&attr,StdInThread,NULL)!=0){
    printf("pthread_create:error¥n");
}

if(ArpCheckGArp(DeviceSoc)==0){
    printf("GArp check fail¥n");
    return(-1);
}

while(EndFlag==0){
    sleep(1);
}

ending();

return(0);
}
```

　param.c の SetDefaultParam() で設定情報の初期化を行い、ReadParam()
で設定ファイルを読み込みます。srandom() で random() で返される疑似乱数
整数系列の種を設定します。ip.c の IpRecvBufInit() で IP 受信バッファの準備を
しておきます。sock.c の init_socket() で、指定したネットワークインターフェー
スを PF_PACKET で送受信するための準備を行います。

　設定情報などを標準出力に表示しておき、終了関連のシグナルハンドラをセット
します。PF_PACKET ではあまり関係ありませんが、ソケットプログラミングでは
切断時に SIGPIPE によって予定外に終了してしまうのを防ぐために、基本的に
SIGPIPE は無視するようにしておきます。

　pthread_create() で MyEthTherad()、StdInThread() をスレッド起動し、
arp.c の ArpCheckGArp() で IP アドレスの重複を念のため確認しておきます。

メインスレッドは EndFlag が 1 になるまでは何もせず、1 になった際には
ending() を実行してプログラムを終了します。

2-3
パラメータを読み込んで格納する
～ param.c、param.h

　MyEth.ini ファイルを読み込み、パラメータを PARAM 構造体に格納する処理や、パラメータの確認に必要な処理を記述します。

■必要な値を定義する

param.h

```
#define    DEFAULT_MTU      (ETHERMTU)
#define    DEFAULT_IP_TTL   (64)
#define    DEFAULT_PING_SIZE    (64)

#define    DUMMY_WAIT_MS    (100)
#define    RETRY_COUNT      (3)
```

　デフォルト値や定数の定義をしています。

　MTU（Maximum Transmission Unit）は 1 回のデータ転送で送信可能な IP パケットの最大サイズです。イーサネットではイーサネットフレームが最大 1,518 バイトですので、イーサネットヘッダ 14 バイトと FCS の 4 バイトを除き、1,500 バイトが IP パケットの最大サイズです。ETHERMTU は net/ethernet.h で「#define ETHERMTU ETH_DATA_LEN」と定義されていて、ETH_DATA_LEN は linux/if_ether.h に「#define ETH_DATA_LEN 1500」と定義されています。

■パラメータ情報を保持する構造体を定義する

param.h つづき

```
typedef struct    {
    char    *device;
```

```
    u_int8_t    mymac[6];
    struct in_addr    myip;
    u_int8_t    vmac[6];
    struct in_addr    vip;
    struct in_addr    vmask;
    int    IpTTL;
    int    MTU;
    struct in_addr    gateway;
}PARAM;
```

設定情報の保持用構造体の定義です。

■関数のプロトタイプ宣言

param.h つづき

```
int SetDefaultParam();
int ReadParam(char *fname);
int isTargetIPAddr(struct in_addr *addr);
int isSameSubnet(struct in_addr *addr);
```

param.c に含まれる関数のプロトタイプ宣言です。

■ヘッダファイルのインクルードと変数の宣言

param.c

```
#include    <stdio.h>
#include    <ctype.h>
#include    <unistd.h>
#include    <stdlib.h>
#include    <string.h>
#include    <errno.h>
#include    <signal.h>
#include    <time.h>
#include    <fcntl.h>
#include    <sys/stat.h>
#include    <sys/param.h>
#include    <sys/types.h>
#include    <sys/ioctl.h>
#include    <sys/socket.h>
```

2-3 パラメータを読み込んで格納する ～param.c、param.h 47

```
#include     <arpa/inet.h>
#include     <netpacket/packet.h>
#include     <net/ethernet.h>
#include     <netinet/if_ether.h>
#include     <netinet/in.h>
#include     <netdb.h>
#include     <sys/wait.h>
#include     <netinet/in.h>
#include     <netinet/ip.h>
#include     <netinet/ip6.h>
#include     "sock.h"
#include     "ether.h"
#include     "param.h"

extern PARAM     Param;

static char      *ParamFname=NULL;
```

　必要なインクルードファイルの記述をしておきます。

　Param 構造体の実体は main.c での記述となりますが、param.c でも使いますので、extern で Param を記述しておきましょう。

　ParamFname は利用していませんが、設定ファイル名を保持しておくと、例えば HUP シグナルで設定の再読込を行いたくなった場合などに便利です。

■パラメータのデフォルト値をセットしてファイルから読み込む

param.c つづき

```
int SetDefaultParam()
{
    Param.MTU=DEFAULT_MTU;
    Param.IpTTL=DEFAULT_IP_TTL;

    return(0);
}
```

　設定情報のデフォルト値をセットしておき、設定がなかった場合に問題なく動くようにしておきます。

param.c つづき

```c
int ReadParam(char *fname)
{
FILE    *fp;
char    buf[1024];
char    *ptr,*saveptr;

    ParamFname=fname;

    if((fp=fopen(fname,"r"))==NULL){
        printf("%s cannot read\n",fname);
        return(-1);
    }

    while(1){
        fgets(buf,sizeof(buf),fp);
        if(feof(fp)){
            break;
        }
        ptr=strtok_r(buf,"=",&saveptr);
        if(ptr!=NULL){
            if(strcmp(ptr,"IP-TTL")==0){
                if((ptr=strtok_r(NULL,"\r\n",&saveptr))!=NULL){
                    Param.IpTTL=atoi(ptr);
                }
            }
            else if(strcmp(ptr,"MTU")==0){
                if((ptr=strtok_r(NULL,"\r\n",&saveptr))!=NULL){
                    Param.MTU=atoi(ptr);
                    if(Param.MTU>ETHERMTU){
                        printf("ReadParam:MTU(%d) <= ETHERMTU(%d)\n", 
Param.MTU,ETHERMTU);
                        Param.MTU=ETHERMTU;
                    }
                }
            }
            else if(strcmp(ptr,"gateway")==0){
                if((ptr=strtok_r(NULL,"\r\n",&saveptr))!=NULL){
                    Param.gateway.s_addr=inet_addr(ptr);
                }
            }
            else if(strcmp(ptr,"device")==0){
                if((ptr=strtok_r(NULL," \r\n",&saveptr))!=NULL){
```

2-3 パラメータを読み込んで格納する ～param.c、param.h 49

```
                Param.device=strdup(ptr);
            }
        }
        else if(strcmp(ptr,"vmac")==0){
            if((ptr=strtok_r(NULL," ¥r¥n",&saveptr))!=NULL){
                my_ether_aton(ptr,Param.vmac);
            }
        }
        else if(strcmp(ptr,"vip")==0){
            if((ptr=strtok_r(NULL," ¥r¥n",&saveptr))!=NULL){
                Param.vip.s_addr=inet_addr(ptr);
            }
        }
        else if(strcmp(ptr,"vmask")==0){
            if((ptr=strtok_r(NULL," ¥r¥n",&saveptr))!=NULL){
                Param.vmask.s_addr=inet_addr(ptr);
            }
        }
    }
}

    fclose(fp);

    return(0);
}
```

　設定ファイルを読み込み、Param 構造体に格納します。fgets() で 1 行読み込み、strtok_r() でトークン分割しながら処理しています。

■ IP アドレスとサブネットのチェック

param.c つづき

```
int isTargetIPAddr(struct in_addr *addr)
{

    if(Param.vip.s_addr==addr->s_addr){
        return(1);
    }
    return(0);
}
```

設定ファイルで指定した仮想 IP アドレスとの一致判定用の関数です。

param.c つづき

```
int isSameSubnet(struct in_addr *addr)
{
    if((addr->s_addr&Param.vmask.s_addr)==(Param.vip.s_addr&Param.vmask.s_addr)){
        return(1);
    }
    else{
        return(0);
    }
}
```

仮想 IP アドレスと同一のサブネットかどうかを判定するための関数です。

2-4
ネットワークユーティリティ関数を準備する
〜 sock.c、sock.h

ソケット、ネットワーク関連のユーティリティ関数を記述します。

■関数のプロトタイプ宣言

sock.h

```
u_int16_t checksum(u_int8_t *data,int len);
u_int16_t checksum2(u_int8_t *data1,int len1,u_int8_t *data2,int len2);
int GetMacAddress(char *device,u_int8_t *hwaddr);
int DummyWait(int ms);
int init_socket(char *device);
```

sock.c に含まれる関数のプロトタイプ宣言です。

■ヘッダファイルのインクルード

sock.c

```
#include    <stdio.h>
#include    <ctype.h>
#include    <unistd.h>
#include    <stdlib.h>
#include    <string.h>
#include    <limits.h>
#include    <time.h>
#include    <sys/ioctl.h>
#include    <netpacket/packet.h>
#include    <netinet/ip.h>
#include    <netinet/ip_icmp.h>
#include    <netinet/if_ether.h>
#include    <linux/if.h>
```

```
#include    <arpa/inet.h>
#include    "sock.h"
#include    "param.h"
```

　必要なインクルードファイルの記述をしておきます。

■ チェックサムを計算する

sock.c つづき

```
u_int16_t checksum(u_int8_t *data,int len)
{
u_int32_t    sum;
u_int16_t    *ptr;
int    c;

    sum=0;
    ptr=(u_int16_t *)data;

    for(c=len;c>1;c-=2){
        sum+=(*ptr);
        if(sum&0x80000000){
            sum=(sum&0xFFFF)+(sum>>16);
        }
        ptr++;
    }
    if(c==1){
        u_int16_t    val;
        val=0;
        memcpy(&val,ptr,sizeof(u_int8_t));
        sum+=val;
    }

    while(sum>>16){
        sum=(sum&0xFFFF)+(sum>>16);
    }

    return(~sum);
}
```

　チェックサム計算を行います。対象となるデータに対し、「16 ビットごとの 1 の

2-4　ネットワークユーティリティ関数を準備する　〜 sock.c、sock.h　53

補数和を取り、さらにそれの 1 の補数を取る」という計算です。IP、ICMP、UDP、TCP 全てチェックサムの計算方法は同じです。ただし、UDP に関しては計算結果が 0x0000 の場合に 0xFFFF にする（0x0000 はチェックサム計算なしを意味するため）点に注意してください。

sock.c つづき

```
u_int16_t checksum2(u_int8_t *data1,int len1,u_int8_t *data2,int len2)
{
u_int32_t    sum;
u_int16_t    *ptr;
int    c;

    sum=0;
    ptr=(u_int16_t *)data1;
    for(c=len1;c>1;c-=2){
        sum+=(*ptr);
        if(sum&0x80000000){
            sum=(sum&0xFFFF)+(sum>>16);
        }
        ptr++;
    }
    if(c==1){
        u_int16_t    val;
        val=((*ptr)<<8)+(*data2);
        sum+=val;
        if(sum&0x80000000){
            sum=(sum&0xFFFF)+(sum>>16);
        }
        ptr=(u_int16_t *)(data2+1);
        len2--;
    }
    else{
        ptr=(u_int16_t *)data2;
    }
    for(c=len2;c>1;c-=2){
        sum+=(*ptr);
        if(sum&0x80000000){
            sum=(sum&0xFFFF)+(sum>>16);
        }
        ptr++;
    }
```

```
    if(c==1){
        u_int16_t    val;
        val=0;
        memcpy(&val,ptr,sizeof(u_int8_t));
        sum+=val;
    }

    while(sum>>16){
        sum=(sum&0xFFFF)+(sum>>16);
    }

    return(~sum);
}
```

　checksum() と同じようにチェックサム計算をしますが、データを 2 つ与えることができるバージョンです。IP ヘッダのように、固定的な部分と可変長のオプション部分がある場合などに 2 つデータを渡せると便利です。

■ MAC アドレスを調べる

sock.c つづき

```
int GetMacAddress(char *device,u_int8_t *hwaddr)
{
struct ifreq    ifreq;
int    soc;
u_int8_t    *p;

    if((soc=socket(AF_INET,SOCK_DGRAM,0))<0){
        perror("GetMacAddress():socket");
        return(-1);
    }

    strncpy(ifreq.ifr_name,device,sizeof(ifreq.ifr_name)-1);
    if(ioctl(soc,SIOCGIFHWADDR,&ifreq)==-1){
        perror("GetMacAddress():ioctl:hwaddr");
        close(soc);
        return(-1);
    }
    else{
        p=(u_int8_t *)&ifreq.ifr_hwaddr.sa_data;
```

2-4　ネットワークユーティリティ関数を準備する　～ sock.c、sock.h　　55

```
        memcpy(hwaddr,p,6);
        close(soc);
        return(1);
    }
}
```

　指定したネットワークインターフェースの MAC アドレスを調べる関数です。適当なソケットディスクリプタを作成し、ioctl() で SIOCGIFHWADDR を指定することで情報が得られます。

■処理を一時待機させる

sock.c つづき

```
int DummyWait(int ms)
{
struct timespec    ts;

    ts.tv_sec=0;
    ts.tv_nsec=ms*1000*1000;

    nanosleep(&ts,NULL);

    return(0);
}
```

　指定したミリ秒スリープする関数です。nanosleep() は直接スリープ時間を数値で指定できないため、ソースコードが読みにくくなってしまいますので、少し待つ必要がある際にこの関数を使用するようにしています。

■ソケットを PF_PACKET として初期化して送受信に備える

sock.c つづき

```
int init_socket(char *device)
{
struct ifreq    if_req;
struct sockaddr_ll    sa;
int    soc;
```

```c
    if((soc=socket(AF_PACKET,SOCK_RAW,htons(ETH_P_ALL)))<0){
        perror("socket");
        return(-1);
    }

    strcpy(if_req.ifr_name,device);
    if(ioctl(soc,SIOCGIFINDEX,&if_req)<0){
        perror("ioctl");
        close(soc);
        return(-1);
    }

    sa.sll_family=PF_PACKET;
    sa.sll_protocol=htons(ETH_P_ALL);
    sa.sll_ifindex=if_req.ifr_ifindex;
    if(bind(soc,(struct sockaddr *)&sa,sizeof(sa))<0){
        perror("bind");
        close(soc);
        return(-1);
    }

    if(ioctl(soc,SIOCGIFFLAGS,&if_req)<0){
        perror("ioctl");
        close(soc);
        return(-1);
    }

    if_req.ifr_flags=if_req.ifr_flags|IFF_PROMISC|IFF_UP;
    if(ioctl(soc,SIOCSIFFLAGS,&if_req)<0){
        perror("ioctl");
        close(soc);
        return(-1);
    }

    return(soc);
}
```

　PF_PACKET でリンクレイヤーソケットを準備し、ディスクリプタを返す関数で
す。まず、socket() に AF_PACKET、SOCK_RAW、ETH_P_ALL を指定して
リンクレイヤーからの送受信のためのソケットディスクリプタを準備します。次に、
ioctl() で SIOCGIFINDEX してネットワークインターフェース名からインターフェー

ス番号を取得します。そして、sockaddr_ll 型構造体にセットして bind() すると、指定したネットワークインターフェースから送受信できるようになります。

　さらに、フラグを書き換えてプロミスキャスモードにして、自分宛以外のパケットも受信対象にしています。

2-5
イーサネットフレームの
送受信を行う
〜 ether.c、ether.h

イーサネットフレームを処理するための関数を記述します。

■関数のプロトタイプ宣言

ether.h

```
char *my_ether_ntoa_r(u_int8_t *hwaddr,char *buf);
int my_ether_aton(char *str,u_int8_t *mac);
int print_hex(u_int8_t *data,int size);
void print_ether_header(struct ether_header *eh);
int EtherSend(int soc,u_int8_t smac[6],u_int8_t dmac[6],u_int16_t type, ☑
u_int8_t *data,int len);
int EtherRecv(int soc,u_int8_t *in_ptr,int in_len);
```

ether.c に含まれる関数のプロトタイプ宣言です。

■ヘッダファイルのインクルードと変数の宣言

ether.c

```
#include    <stdio.h>
#include    <ctype.h>
#include    <unistd.h>
#include    <stdlib.h>
#include    <string.h>
#include    <limits.h>
#include    <time.h>
#include    <sys/ioctl.h>
#include    <netpacket/packet.h>
#include    <netinet/ip.h>
#include    <netinet/ip_icmp.h>
```

```
#include    <netinet/if_ether.h>
#include    <linux/if.h>
#include    <arpa/inet.h>
#include    "sock.h"
#include    "ether.h"
#include    "arp.h"
#include    "ip.h"
#include    "icmp.h"
#include    "param.h"

extern PARAM    Param;

u_int8_t    AllZeroMac[6]={0,0,0,0,0,0};
u_int8_t    BcastMac[6]={0xFF,0xFF,0xFF,0xFF,0xFF,0xFF};
```

　必要なインクルードファイルの記述を行います。

　Param 構造体の実体は main.c での記述となりますが、ether.c でも使いますので、extern で Param を記述しておきます。

　AllZeroMac と BcastMac は、全て 0 の MAC アドレスと全て 0xFF の MAC アドレスの比較用です。

■文字列とバイナリの変換

ether.c つづき

```
char *my_ether_ntoa_r(u_int8_t *hwaddr,char *buf)
{

    sprintf(buf,"%02x:%02x:%02x:%02x:%02x:%02x",
        hwaddr[0],hwaddr[1],hwaddr[2],hwaddr[3],hwaddr[4],hwaddr[5]);

    return(buf);
}
```

　バイナリ 6 バイトの MAC アドレスから「:」区切りの文字列を得るための関数です。

ether.c つづき

```c
int my_ether_aton(char *str,u_int8_t *mac)
{
char    *ptr,*saveptr=NULL;
int     c;
char    *tmp=strdup(str);

    for(c=0,ptr=strtok_r(tmp,":",&saveptr);c<6;c++,ptr=strtok_r 🔁
(NULL,":",&saveptr)){
        if(ptr==NULL){
            free(tmp);
            return(-1);
        }
        mac[c]=strtol(ptr,NULL,16);
    }
    free(tmp);

    return(0);
}
```

　「:」区切りの MAC アドレス文字列からバイナリ 6 バイトの MAC アドレスデータを得るための関数です。

■ 16 進ダンプを行う

ether.c つづき

```c
int print_hex(u_int8_t *data,int size)
{
int     i,j;

    for(i=0;i<size; ){
        for(j=0;j<16;j++){
            if(j!=0){
                printf(" ");
            }
            if(i+j<size){
                printf("%02X",*(data+j));
            }
            else{
                printf("   ");
            }
```

2-5　イーサネットフレームの送受信を行う　～ ether.c、ether.h　　61

```
        }
        printf("     ");
        for(j=0;j<16;j++){
            if(i<size){
                if(isascii(*data)&&isprint(*data)){
                    printf("%c",*data);
                }
                else{
                    printf(".");
                }
                data++;i++;
            }
            else{
                printf(" ");
            }
        }
        printf("¥n");
    }

    return(0);
}
```

16 進ダンプを標準出力に行うための関数です。

■イーサネットフレームを表示する

ether.c つづき

```
void print_ether_header(struct ether_header *eh)
{
char    buf1[80];

    printf("---ether_header---¥n");

    printf("ether_dhost=%s¥n",my_ether_ntoa_r(eh->ether_dhost,buf1));

    printf("ether_shost=%s¥n",my_ether_ntoa_r(eh->ether_shost,buf1));

    printf("ether_type=%02X",ntohs(eh->ether_type));
    switch(ntohs(eh->ether_type)){
        case    ETHERTYPE_PUP:
            printf("(Xerox PUP)¥n");
```

```
            break;
        case    ETHERTYPE_IP:
            printf("(IP)\n");
            break;
        case    ETHERTYPE_ARP:
            printf("(Address resolution)\n");
            break;
        case    ETHERTYPE_REVARP:
            printf("(Reverse ARP)\n");
            break;
        default:
            printf("(unknown)\n");
            break;
    }

    return;
}
```

イーサネットヘッダの情報を標準出力に出力する関数です。

■イーサネットの送受信と内容のチェック

ether.c つづき

```
int EtherSend(int soc,u_int8_t smac[6],u_int8_t dmac[6],u_int16_t type, 🔽
u_int8_t *data,int len)
{
struct ether_header    *eh;
u_int8_t     *ptr,sbuf[sizeof(struct ether_header)+ETHERMTU];
int     padlen;

    if(len>ETHERMTU){
        printf("EtherSend:data too long:%d\n",len);
        return(-1);
    }

    ptr=sbuf;
    eh=(struct ether_header *)ptr;
    memset(eh,0,sizeof(struct ether_header));
    memcpy(eh->ether_dhost,dmac,6);
    memcpy(eh->ether_shost,smac,6);
    eh->ether_type=htons(type);
```

2-5　イーサネットフレームの送受信を行う　〜ether.c、ether.h

```
    ptr+=sizeof(struct ether_header);

    memcpy(ptr,data,len);
    ptr+=len;

    if((ptr-sbuf)<ETH_ZLEN){
        padlen=ETH_ZLEN-(ptr-sbuf);
        memset(ptr,0,padlen);
        ptr+=padlen;
    }

    write(soc,sbuf,ptr-sbuf);
    print_ether_header(eh);

    return(0);
}
```

　MAC アドレス：smac から MAC アドレス：dmac 宛にイーサネットタイプ：type のデータを送信するための関数です。ether_header 型構造体に情報をセットし、データ本体の前につけて、PF_PACKET 用のディスクリプタに write() で送信します。送信後に print_ether_header() で標準出力に送信した内容を出力します。

　なお、フレームサイズが ETH_ZLEN：60 バイトより小さい場合は ETH_ZLEN になるように末尾にパディングして送信します。

ether.c つづき

```
int EtherRecv(int soc,u_int8_t *in_ptr,int in_len)
{
struct ether_header    *eh;
u_int8_t     *ptr=in_ptr;
int    len=in_len;

    eh=(struct ether_header *)ptr;
    ptr+=sizeof(struct ether_header);
    len-=sizeof(struct ether_header);

    if(memcmp(eh->ether_dhost,BcastMac,6)!=0&&memcmp(eh->ether_dhost, 🔁
Param.vmac,6)!=0){
        return(-1);
```

```
    }

    if(ntohs(eh->ether_type)==ETHERTYPE_ARP){
        ArpRecv(soc,eh,ptr,len);
    }
    else if(ntohs(eh->ether_type)==ETHERTYPE_IP){
        IpRecv(soc,in_ptr,in_len,eh,ptr,len);
    }

    return(0);
}
```

　イーサネットフレーム受信後の解析処理です。ether_header 型構造体にキャストして内容を調べます。宛先 MAC アドレスが vmac 宛かブロードキャスト宛以外の場合には何もしません。タイプが ARP の場合は ArpRecv() を、IP の場合には IpRecv() を実行して解析を進めます。

2-6
宛先MACアドレスを調べて
ARPテーブルにキャッシュする
〜 arp.c、arp.h

ARP関連を処理するための関数を記述します。

■関数のプロトタイプ宣言

arp.h

```
char *my_arp_ip_ntoa_r(u_int8_t ip[4],char *buf);
void print_ether_arp(struct ether_arp *ether_arp);
int ArpAddTable(u_int8_t mac[6],struct in_addr *ipaddr);
int ArpDelTable(struct in_addr *ipaddr);
int ArpSearchTable(struct in_addr *ipaddr,u_int8_t mac[6]);
int ArpShowTable();
int GetTargetMac(int soc,struct in_addr *daddr,u_int8_t dmac[6],int gratuitous);
int ArpSend(int soc,u_int16_t op,u_int8_t e_smac[6],u_int8_t e_dmac[6], ☑
u_int8_t smac[6],u_int8_t dmac[6],u_int8_t saddr[4],u_int8_t daddr[4]);
int ArpSendRequestGratuitous(int soc,struct in_addr *targetIp);
int ArpSendRequest(int soc,struct in_addr *targetIp);
int ArpCheckGArp(int soc);
int ArpRecv(int soc,struct ether_header *eh,u_int8_t *data,int len);
```

arp.cに含まれる関数のプロトタイプ宣言です。

■ヘッダファイルのインクルードと変数の宣言

arp.c

```
#include    <stdio.h>
#include    <unistd.h>
#include    <stdlib.h>
```

```
#include    <string.h>
#include    <limits.h>
#include    <netinet/ip_icmp.h>
#include    <netinet/if_ether.h>
#include    <arpa/inet.h>
#include    <pthread.h>
#include    "sock.h"
#include    "ether.h"
#include    "arp.h"
#include    "param.h"


extern    PARAM    Param;
```

　必要なインクルードファイルを記述します。

　Param 構造体の実体は main.c での記述となりますが、arp.c でも使いますので、extern で Param を記述しておきます。

arp.c つづき

```
#define    ARP_TABLE_NO    (16)

typedef struct{
    time_t    timestamp;
    u_int8_t    mac[6];
    struct in_addr    ipaddr;
}ARP_TABLE;


ARP_TABLE    ArpTable[ARP_TABLE_NO];


pthread_rwlock_t    ArpTableLock=PTHREAD_RWLOCK_INITIALIZER;
```

　このプログラムから自発的に IP パケットを送信する場合、IP アドレスから MAC アドレスを引く必要があります。使うたびに ARP で調べるのは非効率ですので、ARP テーブルを用意して一度調べたものはしばらく保持するようにします。

　このサンプルプログラムではテーブル管理などを説明するのが目的ではありませんので、単純に 16 個の固定配列を準備し、シンプルさを優先しました。本来はもっとたくさんの個数が必要ですし、検索もハッシュを使うなどして高速化する必要がありますが、そのあたりは皆さんで試行錯誤してみてください。

arp.c つづき

```
extern u_int8_t    AllZeroMac[6];
extern u_int8_t    BcastMac[6];
```

　ether.c で用意した全部 0 の MAC アドレス、ブロードキャスト用の MAC アド
レスデータを arp.c でも流用するために、extern で記述しておきます。

■ ARP ヘッダの IP アドレスを文字列に変換する

arp.c つづき

```
char *my_arp_ip_ntoa_r(u_int8_t ip[4],char *buf)
{

    sprintf(buf,"%d.%d.%d.%d",ip[0],ip[1],ip[2],ip[3]);

    return(buf);
}
```

　ARP ヘッダの IP アドレスは in_addr_t（32 ビット数値）形式ではなく、4 個
の 8bit 数値のデータですので、それを表示形式文字列に変換する関数を用意し
ました。

■ ARP ヘッダを表示する

arp.c つづき

```
void print_ether_arp(struct ether_arp *ether_arp)
{
static char *hrd[]={
    "From KA9Q: NET/ROM pseudo.",
    "Ethernet 10/100Mbps.",
    "Experimental Ethernet.",
    "AX.25 Level 2.",
    "PROnet token ring.",
    "Chaosnet.",
    "IEEE 802.2 Ethernet/TR/TB.",
    "ARCnet.",
    "APPLEtalk.",
```

68　　第 2 章　ping のやり取りが可能なホストプログラムを作ろう　〜仮想 IP ホストプログラム：第一段階

```
    "undefine",
    "undefine",
    "undefine",
    "undefine",
    "undefine",
    "undefine",
    "Frame Relay DLCI.",
    "undefine",
    "undefine",
    "undefine",
    "ATM.",
    "undefine",
    "undefine",
    "undefine",
    "Metricom STRIP (new IANA id)."
};
static char *op[]={
    "undefined",
    "ARP request.",
    "ARP reply.",
    "RARP request.",
    "RARP reply.",
    "undefined",
    "undefined",
    "undefined",
    "InARP request.",
    "InARP reply.",
    "(ATM)ARP NAK."
};
char    buf1[80];

    printf("---ether_arp---¥n");

    printf("arp_hrd=%u",ntohs(ether_arp->arp_hrd));
    if(ntohs(ether_arp->arp_hrd)<=23){
        printf("(%s),",hrd[ntohs(ether_arp->arp_hrd)]);
    }
    else{
        printf("(undefined),");
    }
    printf("arp_pro=%u",ntohs(ether_arp->arp_pro));
    switch(ntohs(ether_arp->arp_pro)){
        case    ETHERTYPE_PUP:
```

2-6　宛先 MAC アドレスを調べて ARP テーブルにキャッシュする　〜 arp.c、arp.h

```
            printf("(Xerox POP)¥n");
            break;
        case     ETHERTYPE_IP:
            printf("(IP)¥n");
            break;
        case     ETHERTYPE_ARP:
            printf("(Address resolution)¥n");
            break;
        case     ETHERTYPE_REVARP:
            printf("(Reverse ARP)¥n");
            break;
        default:
            printf("(unknown)¥n");
            break;
    }
    printf("arp_hln=%u,",ether_arp->arp_hln);
    printf("arp_pln=%u,",ether_arp->arp_pln);
    printf("arp_op=%u",ntohs(ether_arp->arp_op));
    if(ntohs(ether_arp->arp_op)<=10){
        printf("(%s)¥n",op[ntohs(ether_arp->arp_op)]);
    }
    else{
        printf("(undefine)¥n");
    }
    printf("arp_sha=%s¥n",my_ether_ntoa_r(ether_arp->arp_sha,buf1));
    printf("arp_spa=%s¥n",my_arp_ip_ntoa_r(ether_arp->arp_spa,buf1));
    printf("arp_tha=%s¥n",my_ether_ntoa_r(ether_arp->arp_tha,buf1));
    printf("arp_tpa=%s¥n",my_arp_ip_ntoa_r(ether_arp->arp_tpa,buf1));

    return;
}
```

ARP ヘッダの内容を標準出力に出力する関数です。

■ ARP テーブルへデータを追加する

arp.c つづき

```
int ArpAddTable(u_int8_t mac[6],struct in_addr *ipaddr)
{
int     i,freeNo,oldestNo,intoNo;
time_t     oldestTime;
```

```c
        pthread_rwlock_wrlock(&ArpTableLock);

    freeNo=-1;
    oldestTime=ULONG_MAX;
    oldestNo=-1;
    for(i=0;i<ARP_TABLE_NO;i++){
        if(memcmp(ArpTable[i].mac,AllZeroMac,6)==0){
            if(freeNo==-1){
                freeNo=i;
            }
        }
        else{
            if(ArpTable[i].ipaddr.s_addr==ipaddr->s_addr){
                if(memcmp(ArpTable[i].mac,AllZeroMac,6)!=0&&memcmp
(ArpTable[i].mac,mac,6)!=0){
                    char    buf1[80],buf2[80],buf3[80];
                    printf("ArpAddTable:%s:recieve different mac:(%s):
(%s)\n",inet_ntop(AF_INET,ipaddr,buf1,sizeof(buf1)),my_ether_ntoa_r
(ArpTable[i].mac,buf2),my_ether_ntoa_r(mac,buf3));
                }
                memcpy(ArpTable[i].mac,mac,6);
                ArpTable[i].timestamp=time(NULL);
                pthread_rwlock_unlock(&ArpTableLock);
                return(i);
            }
            if(ArpTable[i].timestamp<oldestTime){
                oldestTime=ArpTable[i].timestamp;
                oldestNo=i;
            }
        }
    }
    if(freeNo==-1){
        intoNo=oldestNo;
    }
    else{
        intoNo=freeNo;
    }
    memcpy(ArpTable[intoNo].mac,mac,6);
    ArpTable[intoNo].ipaddr.s_addr=ipaddr->s_addr;
    ArpTable[intoNo].timestamp=time(NULL);

    pthread_rwlock_unlock(&ArpTableLock);
```

```
    return(intoNo);
}
```

　ARP テーブルに 1 つデータを追加する関数です。ARP テーブルは簡略化のために ARP_TABLE_NO 個に固定で、MAC アドレスを保持する mac メンバーが全て 0 の場合に未使用ということにしました。未使用があればそこに格納し、なければ格納したのが最も古いデータを上書きします。

　また、マルチスレッドで動くことを前提に、rwlock で排他をしてからテーブルを操作します。データを書き換える場合はライトロックでロックしてから書き換えます。

■ ARP テーブルを削除する

arp.c つづき

```
int ArpDelTable(struct in_addr *ipaddr)
{
int     i;

    pthread_rwlock_wrlock(&ArpTableLock);

    for(i=0;i<ARP_TABLE_NO;i++){
        if(memcmp(ArpTable[i].mac,AllZeroMac,6)==0){
        }
        else{
            if(ArpTable[i].ipaddr.s_addr==ipaddr->s_addr){
                memcpy(ArpTable[i].mac,AllZeroMac,6);
                ArpTable[i].ipaddr.s_addr=0;
                ArpTable[i].timestamp=0;
                pthread_rwlock_unlock(&ArpTableLock);
                return(1);
            }
        }
    }

    pthread_rwlock_unlock(&ArpTableLock);
    return(0);
}
```

指定した IP アドレスのテーブルを削除する関数です。削除と言っても、今回の ARP テーブルでは MAC アドレスを保持する mac メンバーを全て 0 にして未使用状態にするだけです。データを書き換えますので、rwlock はライトロックをします。

■ ARP テーブルを検索する

arp.c つづき

```
int ArpSearchTable(struct in_addr *ipaddr,u_int8_t mac[6])
{
int    i;

    pthread_rwlock_rdlock(&ArpTableLock);

    for(i=0;i<ARP_TABLE_NO;i++){
        if(memcmp(ArpTable[i].mac,AllZeroMac,6)==0){
        }
        else{
            if(ArpTable[i].ipaddr.s_addr==ipaddr->s_addr){
                memcpy(mac,ArpTable[i].mac,6);
                pthread_rwlock_unlock(&ArpTableLock);
                return(1);
            }
        }
    }

    pthread_rwlock_unlock(&ArpTableLock);

    return(0);
}
```

ARP テーブルを検索する関数です。データの書き換えは行いませんので、rwlock のリードロックを行ってから検索します。

■ ARP テーブルを表示する

arp.c つづき

```
int ArpShowTable()
{
```

2-6　宛先 MAC アドレスを調べて ARP テーブルにキャッシュする　〜 arp.c、arp.h　73

```
char    buf1[80],buf2[80];
int     i;

    pthread_rwlock_rdlock(&ArpTableLock);

    for(i=0;i<ARP_TABLE_NO;i++){
        if(memcmp(ArpTable[i].mac,AllZeroMac,6)==0){
        }
        else{
            printf("(%s) at %s¥n",inet_ntop(AF_INET,&ArpTable[i].
ipaddr,buf1,sizeof(buf1)),my_ether_ntoa_r(ArpTable[i].mac,buf2));
        }
    }

    pthread_rwlock_unlock(&ArpTableLock);

    return(0);
}
```

ARP テーブルの内容を標準出力に出力する関数です。

■宛先 MAC アドレスを調べる

arp.c つづき

```
int GetTargetMac(int soc,struct in_addr *daddr,u_int8_t dmac[6],int gratuitous)
{
int     count;
struct in_addr     addr;

    if(isSameSubnet(daddr)){
        addr.s_addr=daddr->s_addr;
    }
    else{
        addr.s_addr=Param.gateway.s_addr;
    }

    count=0;
    while(!ArpSearchTable(&addr,dmac)){
        if(gratuitous){
            ArpSendRequestGratuitous(soc,&addr);
        }
```

```
    else{
        ArpSendRequest(soc,&addr);
    }
    DummyWait(DUMMY_WAIT_MS*(count+1));
    count++;
    if(count>RETRY_COUNT){
        return(0);
    }
}

    return(1);
}
```

　指定した IP アドレスに対する MAC アドレスを調べる関数です。ARP テーブル
に存在すればそれを使い、なければ ARP 要求を送信して ARP テーブルに対象の
データが格納されるまでリトライします。gratuitous が 1 の場合には Gratuitous
ARP を送信し、応答があるかどうかを調べて IP アドレス重複の発見にも使えるよ
うにしました。

　なお、実はこの関数の仕組みには大きな問題があります。コマンドによって自ら
パケットを送信したい場合（StdInThread から使用）には問題なく動きますが、
TCP の SYN を 受 け て SYN+ACK を 返 す 場 合 な ど で、 受 信 ス レ ッ ド
（MyEthThread）から直接この関数を使用すると必ず MAC アドレスが得られま
せん。受信スレッドからこの関数を使用すると、受信スレッド自体が進みませんので、
ARP リプライを受信する処理にたどり着かず、この関数でどれだけリトライしても
結果は得られません。本来は送信キューを用意しておき、ARP リプライを得られ
たらキューから送信する仕組みにするべきですが、サンプルではできるだけシンプ
ルなソースで IP、UDP、TCP などの仕組みを理解することを目的としていますので、
あえて問題があるままで紹介しました。ご自分で改良にチャレンジしてみてください。

　手を抜くのであれば、SYN を受信した際にソース IP とソース MAC アドレスを
使って ARP テーブルに追加してしまう方法や、ARP 要求を受けた際に ARP テー
ブルに登録してしまう方法もあります。ただし、悪意ある ARP にだまされやすくな
りますので、いろいろと検討してみると良い勉強になることでしょう。

2-6　宛先 MAC アドレスを調べて ARP テーブルにキャッシュする　〜 arp.c、arp.h　　75

■イーサネットに ARP パケットを送信する

arp.c つづき

```
int ArpSend(int soc,u_int16_t op,
    u_int8_t e_smac[6],u_int8_t e_dmac[6],
    u_int8_t smac[6],u_int8_t dmac[6],
    u_int8_t saddr[4],u_int8_t daddr[4])
{
struct ether_arp     arp;

    memset(&arp,0,sizeof(struct ether_arp));
    arp.arp_hrd=htons(ARPHRD_ETHER);
    arp.arp_pro=htons(ETHERTYPE_IP);
    arp.arp_hln=6;
    arp.arp_pln=4;
    arp.arp_op=htons(op);

    memcpy(arp.arp_sha,smac,6);
    memcpy(arp.arp_tha,dmac,6);

    memcpy(arp.arp_spa,saddr,4);
    memcpy(arp.arp_tpa,daddr,4);

printf("=== ARP ===[¥n");

    EtherSend(soc,e_smac,e_dmac,ETHERTYPE_ARP,(u_int8_t *)&arp,sizeof ▶
(struct ether_arp));

print_ether_arp(&arp);
printf("]¥n");

    return(0);
}
```

　ARP 要求を送信する関数です。ether_arp 構造体にデータをセットして
EtherSend() で送信します。

■ Gratuitous ARP を送信する

arp.c つづき

```
int ArpSendRequestGratuitous(int soc,struct in_addr *targetIp)
```

```c
{
union    {
    u_int32_t    l;
    u_int8_t     c[4];
}saddr,daddr;

    saddr.l=0;
    daddr.l=targetIp->s_addr;
    ArpSend(soc,ARPOP_REQUEST,Param.vmac,BcastMac,Param.vmac,AllZeroMac, ⏎
saddr.c,daddr.c);

    return(0);
}
```

　Gratuitous ARP を送信する関数です。ArpSend() を使用するだけですが、
Gratuitous ARP ではソース IP アドレスは「0」にし、受信した相手の ARP テー
ブルに影響を与えないようにします。

■ ARP 要求を送信する

arp.c つづき

```c
int ArpSendRequest(int soc,struct in_addr *targetIp)
{
union    {
    u_int32_t    l;
    u_int8_t     c[4];
}saddr,daddr;

    saddr.l=Param.vip.s_addr;
    daddr.l=targetIp->s_addr;
    ArpSend(soc,ARPOP_REQUEST,Param.vmac,BcastMac,Param.vmac,AllZeroMac, ⏎
saddr.c,daddr.c);

    return(0);
}
```

　ARP 要求を送信する関数です。ArpSend() を使用して送信します。

2-6　宛先 MAC アドレスを調べて ARP テーブルにキャッシュする　～ arp.c、arp.h

■ IP アドレスの重複をチェックする

arp.c つづき

```
int ArpCheckGArp(int soc)
{
u_int8_t    dmac[6];
char    buf1[80],buf2[80];

    if(GetTargetMac(soc,&Param.vip,dmac,1)){
        printf("ArpCheckGArp:%s use %s\n",inet_ntop(AF_INET,&Param.vip, ☑
buf1,sizeof(buf1)),my_ether_ntoa_r(dmac,buf2));
        return(0);
    }

    return(1);
}
```

　IP 重複を調べる関数です。main() で実行し、自ら使おうとしている IP アドレスが他に存在していないかを調べます。gratuitous フラグを 1 にして GetTargetMac() を実行し、Gratuitous ARP を送信し、応答があった場合には IP 重複と判断します。

■ ARP パケットを受信する

arp.c つづき

```
int ArpRecv(int soc,struct ether_header *eh,u_int8_t *data,int len)
{
struct ether_arp    *arp;
u_int8_t    *ptr=data;

    /* ARPヘッダ取得 */
    arp=(struct ether_arp *)ptr;
    ptr+=sizeof(struct ether_arp);
    len-=sizeof(struct ether_arp);

    if(ntohs(arp->arp_op)==ARPOP_REQUEST){
        struct in_addr    addr;
        addr.s_addr=(arp->arp_tpa[3]<<24)|(arp->arp_tpa[2]<<16)|(arp-> ☑
arp_tpa[1]<<8)|(arp->arp_tpa[0]);
        if(isTargetIPAddr(&addr)){
```

```c
printf("--- recv ---[\n");
print_ether_header(eh);
print_ether_arp(arp);
printf(")\n");
                addr.s_addr=(arp->arp_spa[3]<<24)|(arp->arp_spa[2]<<16)|
(arp->arp_spa[1]<<8)|(arp->arp_spa[0]);
            ArpAddTable(arp->arp_sha,&addr);
            ArpSend(soc,ARPOP_REPLY,
                Param.vmac,eh->ether_shost,
                Param.vmac,arp->arp_sha,
                arp->arp_tpa,arp->arp_spa);
        }
    }
    if(ntohs(arp->arp_op)==ARPOP_REPLY){
        struct in_addr    addr;
        addr.s_addr=(arp->arp_tpa[3]<<24)|(arp->arp_tpa[2]<<16)|(arp->
arp_tpa[1]<<8)|(arp->arp_tpa[0]);
        if(addr.s_addr==0||isTargetIPAddr(&addr)){
printf("--- recv ---[\n");
print_ether_header(eh);
print_ether_arp(arp);
printf("]\n");
                addr.s_addr=(arp->arp_spa[3]<<24)|(arp->arp_spa[2]<<16)|(arp->
arp_spa[1]<<8)|(arp->arp_spa[0]);
            ArpAddTable(arp->arp_sha,&addr);
        }
    }

    return(0);
}
```

　ARP 受信処理です。arp_op が ARPOP_REQUEST であれば、他からの
ARP 要求です。それが自分宛であれば ArpSend() で ARP リプライを返します。
この際に ArpAddTable() で ARP テーブルに追加もしています。arp_op が
ARPOP_REPLY の場合は ArpAddTable() で ARP テーブルに追加します。

2-7
IPパケットの送受信処理を行う
〜 ip.c、ip.h

IP関連を処理するための関数を記述します。

■関数のプロトタイプ宣言

ip.h

```
void print_ip(struct ip *ip);
int IpRecvBufInit();
int IpRecvBufAdd(u_int16_t id);
int IpRecvBufDel(u_int16_t id);
int IpRecvBufSearch(u_int16_t id);
int IpRecv(int soc,u_int8_t *raw,int raw_len,struct ether_header *eh, ☑
u_int8_t *data,int len);
int IpSendLink(int soc,u_int8_t smac[6],u_int8_t dmac[6],struct in_addr ☑
*saddr,struct in_addr *daddr,u_int8_t proto,int dontFlagment,int ttl, ☑
u_int8_t *data,int len);
int IpSend(int soc,struct in_addr *saddr,struct in_addr *daddr, ☑
u_int8_t proto,int dontFlagment,int ttl,u_int8_t *data,int len);
```

ip.c に含まれる関数のプロトタイプ宣言です。

■ヘッダファイルのインクルードと変数の宣言

ip.c

```
#include    <stdio.h>
#include    <ctype.h>
#include    <unistd.h>
#include    <stdlib.h>
#include    <string.h>
#include    <limits.h>
#include    <time.h>
#include    <sys/ioctl.h>
```

```
#include    <netinet/ip.h>
#include    <netinet/ip_icmp.h>
#include    <netinet/if_ether.h>
#include    <arpa/inet.h>
#include    "sock.h"
#include    "ether.h"
#include    "arp.h"
#include    "ip.h"
#include    "icmp.h"
#include    "param.h"

extern PARAM    Param;
```

必要なインクルードファイルを記述します。

Param 構造体の実体は main.c での記述となりますが、ip.c でも使いますので、extern で Param を記述しておきます。

ip.c つづき

```
#define    IP_RECV_BUF_NO    (16)

typedef struct    {
    time_t    timestamp;
    int    id;
    u_int8_t    data[64*1024];
    int    len;
}IP_RECV_BUF;

IP_RECV_BUF    IpRecvBuf[IP_RECV_BUF_NO];
```

IP パケットはフラグメントがありますので、受信したパケットをバッファに格納し、1 データ分が揃った時点で標準出力に受信内容として出力するようにします。ここでもシンプルなソースにするために、バッファ数は 16 個固定のシンプルなデータ構造にしました。キーは IP ヘッダの ID を使います。

■ IP ヘッダを表示する

ip.c つづき

```c
void print_ip(struct ip *ip)
{
static char    *proto[]={
    "undefined",
    "ICMP",
    "IGMP",
    "undefined",
    "IPIP",
    "undefined",
    "TCP",
    "undefined",
    "EGP",
    "undefined",
    "undefined",
    "undefined",
    "PUP",
    "undefined",
    "undefined",
    "undefined",
    "undefined",
    "UDP"
};
char    buf1[80];

    printf("ip-------------------------------------------------------------
-----------------¥n");

    printf("ip_v=%u,",ip->ip_v);
    printf("ip_hl=%u,",ip->ip_hl);
    printf("ip_tos=%x,",ip->ip_tos);
    printf("ip_len=%d¥n",ntohs(ip->ip_len));
    printf("ip_id=%u,",ntohs(ip->ip_id));
    printf("ip_off=%x,%d¥n",(ntohs(ip->ip_off))>>13&0x07,ntohs(ip->ip_off)
&IP_OFFMASK);
    printf("ip_ttl=%u,",ip->ip_ttl);
    printf("ip_p=%u",ip->ip_p);
    if(ip->ip_p<=17){
        printf("(%s),",proto[ip->ip_p]);
    }
    else{
```

```
        printf("(undefined),");
    }
    printf("ip_sum=%04x¥n",ntohs(ip->ip_sum));
    printf("ip_src=%s¥n",inet_ntop(AF_INET,&ip->ip_src,buf1,sizeof(buf1)));
    printf("ip_dst=%s¥n",inet_ntop(AF_INET,&ip->ip_dst,buf1,sizeof(buf1)));

    return;
}
```

IP ヘッダの内容を標準出力に出力する関数です。

■ IP 受信バッファを初期化してデータを追加する

ip.c つづき

```
int IpRecvBufInit()
{
int    i;

    for(i=0;i<IP_RECV_BUF_NO;i++){
        IpRecvBuf[i].id=-1;
    }

    return(0);
}
```

　IP 受信バッファを初期化する関数です。main() から起動時に実行されます。id
を全て−1（未使用）に初期化しておきましょう。

ip.c つづき

```
int IpRecvBufAdd(u_int16_t id)
{
int    i,freeNo,oldestNo,intoNo;
time_t    oldestTime;

    freeNo=-1;
    oldestTime=ULONG_MAX;
    oldestNo=-1;
    for(i=0;i<IP_RECV_BUF_NO;i++){
        if(IpRecvBuf[i].id==-1){
```

2-7　IP パケットの送受信処理を行う　～ ip.c、ip.h

```
            freeNo=i;
        }
        else{
            if(IpRecvBuf[i].id==id){
                return(i);
            }
            if(IpRecvBuf[i].timestamp<oldestTime){
                oldestTime=IpRecvBuf[i].timestamp;
                oldestNo=i;
            }
        }
    }
    if(freeNo==-1){
        intoNo=oldestNo;
    }
    else{
        intoNo=freeNo;
    }
    IpRecvBuf[intoNo].timestamp=time(NULL);
    IpRecvBuf[intoNo].id=id;
    IpRecvBuf[intoNo].len=0;

    return(intoNo);
}
```

　IP 受信バッファから新しいバッファを確保する関数です。指定した ID と同じも
のが存在すればそれを応答します。存在しない場合は id が－ 1 の空きを使います
が、空きがない場合は timestamp が最も古いものを使います。

　なお、このプログラムでは受信は 1 スレッドだけですので、IP 受信バッファに排
他は不要です。

■ IP 受信バッファを削除する

ip.c つづき

```
int IpRecvBufDel(u_int16_t id)
{
int    i;

    for(i=0;i<IP_RECV_BUF_NO;i++){
```

```
        if(IpRecvBuf[i].id==id){
            IpRecvBuf[i].id=-1;
            return(1);
        }
    }

    return(0);
}
```

　指定した ID の IP 受信バッファを削除する関数です。実際の処理は id を－１に
して未使用状態にするだけです。

■ IP 受信バッファを検索する

ip.c つづき

```
int IpRecvBufSearch(u_int16_t id)
{
int    i;

    for(i=0;i<IP_RECV_BUF_NO;i++){
        if(IpRecvBuf[i].id==id){
            return(i);
        }
    }

    return(-1);
}
```

　指定した ID の受信バッファを検索する関数です。ループで順番に調べています
ので遅いです。実用化する場合はハッシュを使うなどの工夫が必要でしょう。

■ IP パケットを受信する

ip.c つづき

```
int IpRecv(int soc,u_int8_t *raw,int raw_len,struct ether_header *eh, 🔽
u_int8_t *data,int len)
{
struct ip    *ip;
```

2-7　IP パケットの送受信処理を行う　～ ip.c、ip.h　　85

```c
u_int8_t    option[1500];
u_int16_t   sum;
int   optionLen,no,off,plen;
u_int8_t    *ptr=data;

    if(len<(int)sizeof(struct ip)){
        printf("len(%d)<sizeof(struct ip)\n",len);
        return(-1);
    }
    ip=(struct ip *)ptr;
    ptr+=sizeof(struct ip);
    len-=sizeof(struct ip);

    optionLen=ip->ip_hl*4-sizeof(struct ip);
    if(optionLen>0){
        if(optionLen>=1500){
            printf("IP optionLen(%d) too big\n",optionLen);
            return(-1);
        }
        memcpy(option,ptr,optionLen);
        ptr+=optionLen;
        len-=optionLen;
    }

    if(optionLen==0){
        sum=checksum((u_int8_t *)ip,sizeof(struct ip));
    }
    else{
        sum=checksum2((u_int8_t *)ip,sizeof(struct ip),option,optionLen);
    }
    if(sum!=0&&sum!=0xFFFF){
        printf("bad ip checksum\n");
        return(-1);
    }

    plen=ntohs(ip->ip_len)-ip->ip_hl*4;

    no=IpRecvBufAdd(ntohs(ip->ip_id));
    off=(ntohs(ip->ip_off)&IP_OFFMASK)*8;
    memcpy(IpRecvBuf[no].data+off,ptr,plen);
    if(!(ntohs(ip->ip_off)&IP_MF)){
        IpRecvBuf[no].len=off+plen;
        if(ip->ip_p==IPPROTO_ICMP){
```

```
        IcmpRecv(soc,raw,raw_len,eh,ip,IpRecvBuf[no].data,IpRecvBuf[no]. ☑
len);
        }
        IpRecvBufDel(ntohs(ip->ip_id));
    }

    return(0);
}
```

　IP 受信処理を行う関数です。IP パケットデータのアドレスを ip 構造体にキャストして内容を確認します。IP ヘッダのオプションはこのサンプルプログラムでは使いませんので読み飛ばします。チェックサムの確認を行い、正しいチェックサムであれば IpRecvBufAdd() で IP ヘッダの ID に対する受信バッファを得て、IP ヘッダのオフセットの値に従ってデータを memcpy() で格納します。

　IP_MF ビットがオンの場合にはまだフラグメントされたデータが続くのでデータの解析は行わず、オフの場合は全てのデータが揃ったということで、現時点では ICMP の場合には IcmpRecv() で ICMP 受信処理を行い、IpRecvBufDel() で受信バッファを削除しておきます。

　なお、IP_MF ビットがオンのパケットが届いても、途中でフラグメントされたパケットがロスしていたり、パケット到着順が入れ替わっていてまだ届いていなかったりする場合には抜け落ちてしまいます。全部のデータが揃ったかどうかを確認する処理をまじめに入れるかどうかはなかなか悩ましいところです。そもそも実際には IP フラグメントはあまり使われず、大きなサイズのデータは TCP で通信するプロトコルが多いものです。また、届いていないとわかっても再送要求をする仕組みも IP にはありません。

■ IP パケットをイーサネットに送信する

ip.c つづき

```
int IpSendLink(int soc,u_int8_t smac[6],u_int8_t dmac[6],struct in_addr ☑
*saddr,struct in_addr *daddr,u_int8_t proto,int dontFlagment,int ttl, ☑
u_int8_t *data,int len)
{
struct ip    *ip;
u_int8_t    *dptr,*ptr,sbuf[ETHERMTU];
```

2-7　IP パケットの送受信処理を行う　〜 ip.c、ip.h　　87

```c
u_int16_t    id;
int    lest,sndLen,off,flagment;

    if(dontFlagment&&Len>Param.MTU-sizeof(struct ip)){
        printf("IpSend:data too long:%d¥n",len);
        return(-1);
    }


    id=random();


    dptr=data;
    lest=len;


    while(lest>0){
        if(lest>Param.MTU-sizeof(struct ip)){
            sndLen=(Param.MTU-sizeof(struct ip))/8*8;
            flagment=1;
        }
        else{
            sndLen=lest;
            flagment=0;
        }


        ptr=sbuf;
        ip=(struct ip *)ptr;
        memset(ip,0,sizeof(struct ip));
        ip->ip_v=4;
        ip->ip_hl=5;
        ip->ip_len=htons(sizeof(struct ip)+sndLen);
        ip->ip_id=htons(id);
        off=(dptr-data)/8;
        if(dontFlagment){
            ip->ip_off=htons(IP_DF);
        }
        else if(flagment){
            ip->ip_off=htons((IP_MF)¦(off&IP_OFFMASK));
        }
        else{
            ip->ip_off=htons((0)¦(off&IP_OFFMASK));
        }
        ip->ip_ttl=ttl;
        ip->ip_p=proto;
        ip->ip_src.s_addr=saddr->s_addr;
```

```
            ip->ip_dst.s_addr=daddr->s_addr;
            ip->ip_sum=0;
            ip->ip_sum=checksum((u_int8_t *)ip,sizeof(struct ip));
            ptr+=sizeof(struct ip);

            memcpy(ptr,dptr,sndLen);
            ptr+=sndLen;

            EtherSend(soc,smac,dmac,ETHERTYPE_IP,sbuf,ptr-sbuf);
            print_ip(ip);

            dptr+=sndLen;
            lest-=sndLen;
        }

        return(0);
}
```

　IP データを送信する関数です。実際の処理ではこの関数を直接使用するのではなく、IpSend() 経由で使用します。

　フラグメント禁止の場合には、MTU より大きなデータは送信できませんのでエラー判定を行います。

　IP ヘッダの ID は random() による乱数を使いました。あとは IP ヘッダにデータをセットして送信すれば良いのですが、MTU 以上のサイズの場合にはフラグメントして送信するために、ループを使って MTU 以下で送信することを繰り返します。送信の実行は EtherSend() を使用します。

■ IP パケットを送信する

ip.c つづき

```
int IpSend(int soc,struct in_addr *saddr,struct in_addr *daddr, 🔁
u_int8_t proto,int dontFlagment,int ttl,u_int8_t *data,int len)
{
u_int8_t    dmac[6];
char    buf1[80];
int    ret;

    if(GetTargetMac(soc,daddr,dmac,0)){
```

2-7　IP パケットの送受信処理を行う　～ip.c、ip.h　　89

```
        ret=IpSendLink(soc,Param.vmac,dmac,saddr,daddr,proto,dontFlagment, ☑
ttl,data,len);
    }
    else{
        printf("IpSend:%s Destination Host Unreachable¥n",inet_ntop ☑
(AF_INET,daddr,buf1,sizeof(buf1)));
        ret=-1;
    }

    return(ret);
}
```

　IP データを送信する関数です。この関数を使用する側は MAC アドレスのことを
考えなくてすむように、この関数内で GetTargetMac() を使って宛先の MAC ア
ドレスを取得してから、IpSendLink() で送信します。

2-8
ICMPパケットの送受信を行う
〜 icmp.c、icmp.h

ICMP関連を処理するための関数を記述します。

■関数のプロトタイプ宣言

icmp.h

```
int print_icmp(struct icmp *icmp);
int IcmpSendEchoReply(int soc,struct ip *r_ip,struct icmp *r_icmp, ☑
u_int8_t *data,int len,int ip_ttl);
int IcmpSendEcho(int soc,struct in_addr *daddr,int seqNo,int size);
int PingSend(int soc,struct in_addr *daddr,int size);
int IcmpRecv(int soc,u_int8_t *raw,int raw_len,struct ether_header *eh, ☑
struct ip *ip,u_int8_t *data,int len);
int PingCheckReply(struct ip *ip,struct icmp *icmp);
```

icmp.c に含まれる関数のプロトタイプ宣言です。

■ヘッダファイルのインクルードと変数の宣言

icmp.c

```
#include    <stdio.h>
#include    <ctype.h>
#include    <unistd.h>
#include    <stdlib.h>
#include    <string.h>
#include    <sys/time.h>
#include    <netinet/ip_icmp.h>
#include    <netinet/if_ether.h>
#include    <arpa/inet.h>
#include    "sock.h"
#include    "ether.h"
#include    "ip.h"
```

```
#include    "icmp.h"
#include    "param.h"

extern PARAM    Param;
```

必要なインクルードファイルを記述します。

Param 構造体の実体は main.c での記述となりますが、icmp.c でも使いますので、extern で Param を記述しておきます。

icmp.c つづき

```
#define ECHO_HDR_SIZE    (8)
```

ECHO ヘッダのサイズをデファインしておきます。

icmp.c つづき

```
#define    PING_SEND_NO    (4)
```

一度の ping 送信コマンドで何パケット送信するかを定義しておきます。

icmp.c つづき

```
typedef struct    {
    struct timeval    sendTime;
}PING_DATA;

PING_DATA    PingData[PING_SEND_NO];
```

ping の RTT（Round Trip Time）を計算できるように、送信したパケットごとに送信時刻を保持しておくための構造体です。メンバーは 1 つだけですが、将来的に機能拡張しやすいように構造体にしておきました。

■ ICMP ヘッダを表示する

icmp.c つづき

```
int print_icmp(struct icmp *icmp)
```

```c
{
static char    *icmp_type[]={
    "Echo Reply",
    "undefined",
    "undefined",
    "Destination Unreachable",
    "Source Quench",
    "Redirect",
    "undefined",
    "undefined",
    "Echo Request",
    "Router Adverisement",
    "Router Selection",
    "Time Exceeded for Datagram",
    "Parameter Problem on Datagram",
    "Timestamp Request",
    "Timestamp Reply",
    "Information Request",
    "Information Reply",
    "Address Mask Request",
    "Address Mask Reply"
};

    printf("icmp--------------------------------¥n");

    printf("icmp_type=%u",icmp->icmp_type);
    if(icmp->icmp_type<=18){
        printf("(%s),",icmp_type[icmp->icmp_type]);
    }
    else{
        printf("(undefined),");
    }
    printf("icmp_code=%u,",icmp->icmp_code);
    printf("icmp_cksum=%u¥n",ntohs(icmp->icmp_cksum));

    if(icmp->icmp_type==0||icmp->icmp_type==8){
        printf("icmp_id=%u,",ntohs(icmp->icmp_id));
        printf("icmp_seq=%u¥n",ntohs(icmp->icmp_seq));
    }

    printf("icmp--------------------------------¥n");

    return(0);
```

```
}
```

ICMP ヘッダの情報を標準出力に表示するための関数です。

■ ICMP エコー応答を送信する

icmp.c つづき

```
int IcmpSendEchoReply(int soc,struct ip *r_ip,struct icmp *r_icmp, 
u_int8_t *data,int len,int ip_ttl)
{
u_int8_t    *ptr;
u_int8_t    sbuf[64*1024];
struct icmp    *icmp;

    ptr=sbuf;
    icmp=(struct icmp *)ptr;
    memset(icmp,0,sizeof(struct icmp));
    icmp->icmp_type=ICMP_ECHOREPLY;
    icmp->icmp_code=0;
    icmp->icmp_hun.ih_idseq.icd_id=r_icmp->icmp_hun.ih_idseq.icd_id;
    icmp->icmp_hun.ih_idseq.icd_seq=r_icmp->icmp_hun.ih_idseq.icd_seq;
    icmp->icmp_cksum=0;

    ptr+=ECHO_HDR_SIZE;

    memcpy(ptr,data,len);
    ptr+=len;

    icmp->icmp_cksum=checksum(sbuf,ptr-sbuf);

printf("=== ICMP reply ===[¥n");
    IpSend(soc,&r_ip->ip_dst,&r_ip->ip_src,IPPROTO_ICMP,0,ip_ttl,sbuf,ptr-sbuf);
print_icmp(icmp);
printf("]¥n");

    return (0);
}
```

ICMP エコー応答を送信する関数です。icmp_type に ICMP_ECHOREPLY
を指定し、ID やシーケンス番号をセットし、ICMP エコー要求のデータを結合し

94   第 2 章　ping のやり取りが可能なホストプログラムを作ろう　〜仮想 IP ホストプログラム：第一段階

て ICMP チェックサムを計算し、IpSend() で送信します。

■ ICMP エコー要求を送信する

icmp.c つづき

```c
int IcmpSendEcho(int soc,struct in_addr *daddr,int seqNo,int size)
{
int     i,psize;
u_int8_t    *ptr;
u_int8_t    sbuf[64*1024];
struct icmp     *icmp;

    ptr=sbuf;
    icmp=(struct icmp *)ptr;
    memset(icmp,0,sizeof(struct icmp));
    icmp->icmp_type=ICMP_ECHO;
    icmp->icmp_code=0;
    icmp->icmp_hun.ih_idseq.icd_id=htons((u_int16_t)getpid());
    icmp->icmp_hun.ih_idseq.icd_seq=htons((u_int16_t)seqNo);
    icmp->icmp_cksum=0;

    ptr+=ECHO_HDR_SIZE;

    psize=size-ECHO_HDR_SIZE;
    for(i=0;i<psize;i++){
        *ptr=(i&0xFF);ptr++;
    }

    icmp->icmp_cksum=checksum((u_int8_t *)sbuf,ptr-sbuf);

printf("=== ICMP echo ===[¥n");
    IpSend(soc,&Param.vip,daddr,IPPROTO_ICMP,0,Param.IpTTL,sbuf,ptr-sbuf);
print_icmp(icmp);
printf("]¥n");

    gettimeofday(&PingData[seqNo-1].sendTime,NULL);

    return (0);
}
```

ICMP エコー要求を送信する関数です。icmp_type に ICMP_ECHO を指定し、

ID にプロセス ID を、シーケンス番号は引数で指定された値をセットし、指定サイ
ズ分のデータを結合して ICMP チェックサムを計算し、IpSend() で送信します。

PingData に送信時刻を格納しておきます。

icmp.c つづき

```
int PingSend(int soc,struct in_addr *daddr,int size)
{
int     i;

    for(i=0;i<PING_SEND_NO;i++){
        IcmpSendEcho(soc,daddr,i+1,size);
        sleep(1);
    }

    return(0);
}
```

コマンドに従い、ping 送信を行う関数です。PING_SEND_NO 回 IcmpSend
Echo() で ICMP_ECHO を送信します。

■受信した ICMP パケットを処理する

icmp.c つづき

```
int IcmpRecv(int soc,u_int8_t *raw,int raw_len,struct ether_header *eh, 
struct ip *ip,u_int8_t *data,int len)
{
struct icmp     *icmp;
u_int16_t     sum;
int     icmpSize;
u_int8_t     *ptr=data;

    icmpSize=len;

    icmp=(struct icmp *)ptr;
    ptr+=ECHO_HDR_SIZE;
    len-=ECHO_HDR_SIZE;

    sum=checksum((u_int8_t *)icmp,icmpSize);
    if(sum!=0&&sum!=0xFFFF){
```

```
        printf("bad icmp checksum(%x,%x)¥n",sum,icmp->icmp_cksum);
        return(-1);
    }
    if(isTargetIPAddr(&ip->ip_dst)){
printf("--- recv ---[¥n");
print_ether_header(eh);
print_ip(ip);
print_icmp(icmp);
printf("]¥n");
        if(icmp->icmp_type==ICMP_ECHO){
            IcmpSendEchoReply(soc,ip,icmp,ptr,len,Param.IpTTL);
        }
        else if(icmp->icmp_type==ICMP_ECHOREPLY){
            PingCheckReply(ip,icmp);
        }
    }

    return(0);
}
```

　受信した IP パケットが ICMP の場合に処理するための関数です。ICMP ヘッダ
構造体にキャストしてチェックサムを調べ、自分宛の宛先 IP アドレスであれば標準
出力に内容を表示します。icmp_type が ICMP_ECHO なら IcmpSendEcho
Reply() で ICMP エコー応答を返答し、ICMP_ECHOREPLY なら PingCheck
Reply() で ICMP エコー応答をチェックします。

ICMP エコー応答をチェックする

icmp.c つづき

```
int PingCheckReply(struct ip *ip,struct icmp *icmp)
{
char    buf1[80];

    if(ntohs(icmp->icmp_id)==getpid()){
        int seqNo=ntohs(icmp->icmp_seq);
        if(seqNo>0&&seqNo<=PING_SEND_NO){
            struct timeval    tv;
            gettimeofday(&tv,NULL);
            int sec=tv.tv_sec-PingData[seqNo-1].sendTime.tv_sec;
```

```
            int usec=tv.tv_usec-PingData[seqNo-1].sendTime.tv_usec;
            if(usec<0){
                sec--;
                usec=10000-usec;
            }
            printf("%d bytes from %s: icmp_seq=%d ttl=%d time=%d.%03d ms¥n",
                ntohs(ip->ip_len),
                inet_ntop(AF_INET,&ip->ip_src,buf1,sizeof(buf1)),
                ntohs(icmp->icmp_seq),
                ip->ip_ttl,
                sec,usec);
        }
    }

    return(0);
}
```

　ICMP エコー応答を受信した場合にチェックする関数です。ID がプロセス ID と
一致しているかどうかを確認し、シーケンス番号に応じて送信時刻との時間差を
計算して、ping コマンドと同じように結果を表示します。

2-9
コマンドを解析して処理する
～ cmd.c、cmd.h

コマンドを処理するための関数を記述します。

■関数のプロトタイプ宣言

cmd.h

```
int DoCmdArp(char **cmdline);
int DoCmdPing(char **cmdline);
int DoCmdIfconfig(char **cmdline);
int DoCmdNetstat(char **cmdline);
int DoCmdEnd(char **cmdline);
int DoCmd(char *cmd);
```

cmd.c に含まれる関数のプロトタイプ宣言です。

■ヘッダファイルのインクルードと変数の宣言

cmd.c

```
#include    <stdio.h>
#include    <unistd.h>
#include    <stdlib.h>
#include    <string.h>
#include    <errno.h>
#include    <poll.h>
#include    <sys/ioctl.h>
#include    <netinet/ip_icmp.h>
#include    <netinet/if_ether.h>
#include    <linux/if.h>
#include    <arpa/inet.h>
#include    <sys/wait.h>
#include    <pthread.h>
#include    "sock.h"
```

```
#include    "ether.h"
#include    "arp.h"
#include    "icmp.h"
#include    "param.h"
#include    "cmd.h"


extern int    DeviceSoc;


extern PARAM    Param;
```

必要なインクルードファイルを記述します。

DeviceSoc、Param 構造体の実体は main.c での記述となりますが、cmd.c
でも使いますので、extern で記述しておきましょう。

■コマンドごとに処理を行う

cmd.c つづき

```
int DoCmdArp(char **cmdline)
{
char    *ptr;

    if((ptr=strtok_r(NULL," ¥r¥n",cmdline))==NULL){
        printf("DoCmdArp:no arg¥n");
        return(-1);
    }
    if(strcmp(ptr,"-a")==0){
        ArpShowTable();
        return(0);
    }
    else if(strcmp(ptr,"-d")==0){
        if((ptr=strtok_r(NULL," ¥r¥n",cmdline))==NULL){
            printf("DoCmdArp:-d no arg¥n");
            return(-1);
        }
        struct in_addr    addr;
        inet_aton(ptr,&addr);
        if(ArpDelTable(&addr)){
            printf("deleted¥n");
        }
        else{
```

```
            printf("not exists¥n");
        }
        return(0);
    }
    else{
        printf("DoCmdArp:[%s] unknown¥n",ptr);
        return(-1);
    }
}
```

　arp コマンドの処理です。引数の解析を行い、-a の場合は ArpShowTable()
で ARP テーブルの内容を表示、-d であれば ArpDelTable() で指定された ARP
テーブルデータを削除します。

cmd.c つづき

```
int DoCmdPing(char **cmdline)
{
char    *ptr;
struct in_addr    daddr;
int    size;

    if((ptr=strtok_r(NULL," ¥r¥n",cmdline))==NULL){
        printf("DoCmdPing:no arg¥n");
        return(-1);
    }
    inet_aton(ptr,&daddr);
    if((ptr=strtok_r(NULL,"¥r¥n",cmdline))==NULL){
        size=DEFAULT_PING_SIZE;
    }
    else{
        size=atoi(ptr);
    }
    PingSend(DeviceSoc,&daddr,size);

    return(0);
}
```

　ping コマンドの処理です。宛先と指定があればサイズを引数から得て、
PingSend() で ICMP エコー要求を送信します。

2-9　コマンドを解析して処理する　〜 cmd.c、cmd.h　　101

cmd.c つづき

```c
int DoCmdIfconfig(char **cmdline)
{
char    buf1[80];

    printf("device=%s¥n",Param.device);
    printf("vmac=%s¥n",my_ether_ntoa_r(Param.vmac,buf1));
    printf("vip=%s¥n",inet_ntop(AF_INET,&Param.vip,buf1,sizeof(buf1)));
    printf("vmask=%s¥n",inet_ntop(AF_INET,&Param.vmask,buf1,sizeof(buf1)));
    printf("gateway=%s¥n",inet_ntop(AF_INET,&Param.gateway,buf1,sizeof(buf1)));
    printf("IpTTL=%d,MTU=%d¥n",Param.IpTTL,Param.MTU);

    return(0);
}
```

ifconfig コマンドの処理です。現在のネットワーク関連の情報を表示します。

cmd.c つづき

```c
int DoCmdEnd(char **cmdline)
{
    kill(getpid(),SIGTERM);

    return(0);
}
```

end コマンドの処理です。自分自身に SIGTERM を与え、終了させます。

■各コマンド処理への分岐

cmd.c つづき

```c
int DoCmd(char *cmd)
{
char    *ptr,*saveptr;

    if((ptr=strtok_r(cmd," ¥r¥n",&saveptr))==NULL){
        printf("DoCmd:no cmd¥n");
        printf("--------------------------------------¥n");
        printf("arp -a : show arp table¥n");
        printf("arp -d addr : del arp table¥n");
```

```c
        printf("ping addr [size] : send ping¥n");
        printf("ifconfig : show interface configuration¥n");
        printf("end : end program¥n");
        printf("---------------------------------------¥n");
        return(-1);
    }

    if(strcmp(ptr,"arp")==0){
        DoCmdArp(&saveptr);
        return(0);
    }
    else if(strcmp(ptr,"ping")==0){
        DoCmdPing(&saveptr);
        return(0);
    }
    else if(strcmp(ptr,"ifconfig")==0){
        DoCmdIfconfig(&saveptr);
        return(0);
    }
    else if(strcmp(ptr,"end")==0){
        DoCmdEnd(&saveptr);
        return(0);
    }
    else{
        printf("DoCmd:unknown cmd : %s¥n",ptr);
        return(-1);
    }
}
```

　コマンドの分岐処理です。第一引数に応じてそれぞれのコマンドを処理します。
第一引数がない場合にはコマンドの使い方を表示します

2-9　コマンドを解析して処理する　〜 cmd.c、cmd.h

2-10
仮想IPホストプログラムを
実行する

■ Makefile：make ファイル

ビルドには make を使いますので、make ファイルを準備します。

Makefile

```
PROGRAM=MyEth
OBJS=main.o param.o sock.o ether.o arp.o ip.o icmp.o cmd.o
SRCS=$(OBJS:%.o=%.c)
CFLAGS=-Wall -g
LDFLAGS=-lpthread
$(PROGRAM):$(OBJS)
    $(CC) $(CFLAGS) $(LDFLAGS) -o $(PROGRAM) $(OBJS) $(LDLIBS)
```

必要最低限の make ファイルです。pthread を使っていますので、libpthread をリンクするように LDFLAGS に -lpthread を指定します

■ビルド

```
# make
cc -Wall -g   -c -o main.o main.c
cc -Wall -g   -c -o param.o param.c
cc -Wall -g   -c -o sock.o sock.c
cc -Wall -g   -c -o ether.o ether.c
cc -Wall -g   -c -o arp.o arp.c
cc -Wall -g   -c -o ip.o ip.c
cc -Wall -g   -c -o icmp.o icmp.c
cc -Wall -g   -c -o cmd.o cmd.c
cc -Wall -g -lpthread -o MyEth main.o param.o sock.o ether.o arp.o ip.o ▶
icmp.o cmd.o
```

make コマンドを実行すれば、Makefile に従い、コンパイルとリンクが行われます。

■設定ファイルの準備

MyEth.ini

```
IP-TTL=64
device=ens161
vmac=02:00:00:00:00:01
vip=192.168.111.100
vmask=255.255.255.0
gateway=192.168.111.2
```

device に送受信したいネットワークインターフェース名を指定し、vip、vmask に MyEth が使用する IP アドレスとサブネットマスクを指定します。gateway も指定しておくと他のネットワークセグメントとも疎通できます。vmac は device に指定したネットワークインターフェースの値をそのまま使うこともできますし、このサンプルのように実在しない値を指定することも可能です。実在しない MAC アドレスを使う場合は、先頭オクテットのビット 0x02 を ON にしたローカルアドレスを使用しましょう。また、先頭オクテットのビット 0x01 は OFF にしてユニキャストアドレスとしましょう。よくわからなければ、とりあえず先頭を 02 にしておけば大丈夫です。IP-TTL はまずは 64 にしておきましょう。

■実行する

MyEth を単独で実行しても、通信相手がいないと実験になりませんので、device に指定したネットワークインターフェースと繋がっている他のネットワーク機器を準備しましょう。ここでは、IP アドレスが 192.168.111.2 のマシンを設置し、そのマシンがゲートウェイになるようにしておきました。

2-10 仮想 IP ホストプログラムを実行する　　105

図 2-3　実行するネットワークのイメージ

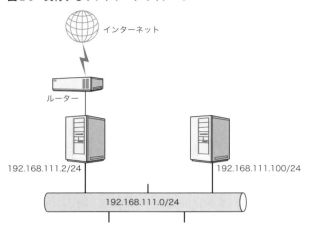

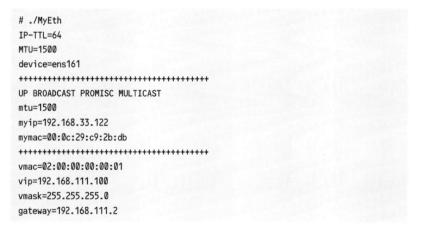

　MyEthを起動すると設定ファイルを読み込み、ネットワークインターフェースの情報が++++で囲われて表示され、さらに設定したMyEthのネットワーク情報が表示されます。このまま以下の出力が続きます。

```
=== ARP ===[
---ether_header---
ether_dhost=ff:ff:ff:ff:ff:ff
ether_shost=02:00:00:00:00:01
```

```
ether_type=806(Address resolution)
---ether_arp---
arp_hrd=1(Ethernet 10/100Mbps.),arp_pro=2048(IP)
arp_hln=6,arp_pln=4,arp_op=1(ARP request.)
arp_sha=02:00:00:00:00:01
arp_spa=0.0.0.0
arp_tha=00:00:00:00:00:00
arp_tpa=192.168.111.100
]
=== ARP ===[
---ether_header---
ether_dhost=ff:ff:ff:ff:ff:ff
ether_shost=02:00:00:00:00:01
ether_type=806(Address resolution)
---ether_arp---
arp_hrd=1(Ethernet 10/100Mbps.),arp_pro=2048(IP)
arp_hln=6,arp_pln=4,arp_op=1(ARP request.)
arp_sha=02:00:00:00:00:01
arp_spa=0.0.0.0
arp_tha=00:00:00:00:00:00
arp_tpa=192.168.111.100
]
=== ARP ===[
---ether_header---
ether_dhost=ff:ff:ff:ff:ff:ff
ether_shost=02:00:00:00:00:01
ether_type=806(Address resolution)
---ether_arp---
arp_hrd=1(Ethernet 10/100Mbps.),arp_pro=2048(IP)
arp_hln=6,arp_pln=4,arp_op=1(ARP request.)
arp_sha=02:00:00:00:00:01
arp_spa=0.0.0.0
arp_tha=00:00:00:00:00:00
arp_tpa=192.168.111.100
]
=== ARP ===[
---ether_header---
ether_dhost=ff:ff:ff:ff:ff:ff
ether_shost=02:00:00:00:00:01
ether_type=806(Address resolution)
---ether_arp---
arp_hrd=1(Ethernet 10/100Mbps.),arp_pro=2048(IP)
arp_hln=6,arp_pln=4,arp_op=1(ARP request.)
```

```
arp_sha=02:00:00:00:00:01
arp_spa=0.0.0.0
arp_tha=00:00:00:00:00:00
arp_tpa=192.168.111.100
]
```

　ArpCheckGArp() により、MyEth が使おうとしている 192.168.111.100 が
存在しないことを確認しています。RETRY_COUNT の 3 回を超えて（つまり 4 回）
無応答でしたので、存在しないと判断しています。
　ここで何も入力せずに Enter を押すと、コマンドの説明が表示されます。

```
DoCmd:no cmd
---------------------------------------
arp -a : show arp table
arp -d addr : del arp table
ping addr [size] : send ping
ifconfig : show interface configuration
end : end program
```

　ifconfig コマンドを実行してみましょう。

```
ifconfig
device=ens161
vmac=02:00:00:00:00:01
vip=192.168.111.100
vmask=255.255.255.0
gateway=192.168.111.2
IpTTL=64,MTU=1500
```

　MyEth の設定値が表示されます。
続いて、arp -a で ARP テーブルの表示をしてみると、まだ何も存在しません。

```
arp -a
```

　ここで、192.168.111.2 宛に ping を実行してみましょう。

```
ping 192.168.111.2
=== ICMP echo ===[
=== ARP ===[
---ether_header---
ether_dhost=ff:ff:ff:ff:ff:ff
ether_shost=02:00:00:00:00:01
ether_type=806(Address resolution)
---ether_arp---
arp_hrd=1(Ethernet 10/100Mbps.),arp_pro=2048(IP)
arp_hln=6,arp_pln=4,arp_op=1(ARP request.)
arp_sha=02:00:00:00:00:01
arp_spa=192.168.111.100
arp_tha=00:00:00:00:00:00
arp_tpa=192.168.111.2
]
--- recv ---[
---ether_header---
ether_dhost=02:00:00:00:00:01
ether_shost=00:0c:29:4a:e4:28
ether_type=806(Address resolution)
---ether_arp---
arp_hrd=1(Ethernet 10/100Mbps.),arp_pro=2048(IP)
arp_hln=6,arp_pln=4,arp_op=2(ARP reply.)
arp_sha=00:0c:29:4a:e4:28
arp_spa=192.168.111.2
arp_tha=02:00:00:00:00:01
arp_tpa=192.168.111.100
]
```

　ICMP エコー要求を送信しようとしますが、まだ 192.168.111.2 の ARP 情報
がありませんので、ARP 要求で 192.168.111.2 の MAC アドレスを調べます。
すぐに応答があり、arp_sha から 00:0c:29:4a:e4:28 とわかります。

```
---ether_header---
ether_dhost=00:0c:29:4a:e4:28
ether_shost=02:00:00:00:00:01
ether_type=800(IP)
ip-------------------------------------------------------------------------
ip_v=4,ip_hl=5,ip_tos=0,ip_len=84
ip_id=19512,ip_off=0,0
ip_ttl=64,ip_p=1(ICMP),ip_sum=ceb9
```

```
ip_src=192.168.111.100
ip_dst=192.168.111.2
icmp---------------------------------
icmp_type=8(Echo Request),icmp_code=0,icmp_cksum=41311
icmp_id=24460,icmp_seq=1
icmp---------------------------------
]
--- recv ---[
---ether_header---
ether_dhost=02:00:00:00:00:01
ether_shost=00:0c:29:4a:e4:28
ether_type=800(IP)
ip------------------------------------------------------------------------
ip_v=4,ip_hl=5,ip_tos=0,ip_len=84
ip_id=35094,ip_off=0,0
ip_ttl=64,ip_p=1(ICMP),ip_sum=91db
ip_src=192.168.111.2
ip_dst=192.168.111.100
icmp---------------------------------
icmp_type=0(Echo Reply),icmp_code=0,icmp_cksum=43359
icmp_id=24460,icmp_seq=1
icmp---------------------------------
]
84 bytes from 192.168.111.2: icmp_seq=1 ttl=64 time=0.379 ms
```

　宛先の MAC アドレスがわかりましたので、ICMP エコー要求を宛先の MAC ア
ドレス宛に送信し、相手から ICMP エコー応答が返答され、ping コマンド同様に
RTT を表示しています。

```
=== ICMP echo ===[
---ether_header---
ether_dhost=00:0c:29:4a:e4:28
ether_shost=02:00:00:00:00:01
ether_type=800(IP)
ip------------------------------------------------------------------------
ip_v=4,ip_hl=5,ip_tos=0,ip_len=84
ip_id=40987,ip_off=0,0
ip_ttl=64,ip_p=1(ICMP),ip_sum=7ad6
ip_src=192.168.111.100
ip_dst=192.168.111.2
icmp---------------------------------
```

```
icmp_type=8(Echo Request),icmp_code=0,icmp_cksum=41310
icmp_id=24460,icmp_seq=2
icmp-------------------------------------
]
--- recv ---[
---ether_header---
ether_dhost=02:00:00:00:00:01
ether_shost=00:0c:29:4a:e4:28
ether_type=800(IP)
ip--------------------------------------------------------------------------
ip_v=4,ip_hl=5,ip_tos=0,ip_len=84
ip_id=35095,ip_off=0,0
ip_ttl=64,ip_p=1(ICMP),ip_sum=91da
ip_src=192.168.111.2
ip_dst=192.168.111.100
icmp-------------------------------------
icmp_type=0(Echo Reply),icmp_code=0,icmp_cksum=43358
icmp_id=24460,icmp_seq=2
icmp-------------------------------------
]
84 bytes from 192.168.111.2: icmp_seq=2 ttl=64 time=0.268 ms
```

　2 パケット目の ICMP エコー要求と ICMP エコー応答です。シーケンス番号が
2 になっています。

```
84 bytes from 192.168.111.2: icmp_seq=3 ttl=64 time=0.220 ms
84 bytes from 192.168.111.2: icmp_seq=4 ttl=64 time=0.280 ms
```

　出力を省略しましたが、同様に PING_SEND_NO 定義回数（つまり 4 回）繰
り返します。
　なお、相手側の OS によりますが、このやりとりのあとに相手側から ARP で
MyEth を調べに来るやりとりが続きました。

```
--- recv ---[
---ether_header---
ether_dhost=02:00:00:00:00:01
ether_shost=00:0c:29:4a:e4:28
ether_type=806(Address resolution)
---ether_arp---
```

```
arp_hrd=1(Ethernet 10/100Mbps.),arp_pro=2048(IP)
arp_hln=6,arp_pln=4,arp_op=1(ARP request.)
arp_sha=00:0c:29:4a:e4:28
arp_spa=192.168.111.2
arp_tha=00:00:00:00:00:00
arp_tpa=192.168.111.100
]
=== ARP ===[
---ether_header---
ether_dhost=00:0c:29:4a:e4:28
ether_shost=02:00:00:00:00:01
ether_type=806(Address resolution)
---ether_arp---
arp_hrd=1(Ethernet 10/100Mbps.),arp_pro=2048(IP)
arp_hln=6,arp_pln=4,arp_op=2(ARP reply.)
arp_sha=02:00:00:00:00:01
arp_spa=192.168.111.100
arp_tha=00:0c:29:4a:e4:28
arp_tpa=192.168.111.2
]
```

相手側から ARP 要求が届き、ARP レスポンスを返しています。

ここで、arp -a を実行してみると、

```
arp -a
(192.168.111.2) at 00:0c:29:4a:e4:28
```

となり、今度は 192.168.111.2 の情報が出力されるようになりました。

続いて、8.8.8.8 宛に ping を実行してみましょう。テスト環境では 192.168.111.2 がゲートウェイとして他のセグメントとの仲介をしてくれるようになっています。

```
ping 8.8.8.8
=== ICMP echo ===[
---ether_header---
ether_dhost=00:0c:29:4a:e4:28
ether_shost=02:00:00:00:00:01
ether_type=800(IP)
ip--------------------------------------------------------------------------
```

```
ip_v=4,ip_hl=5,ip_tos=0,ip_len=84
ip_id=45649,ip_off=0,0
ip_ttl=64,ip_p=1(ICMP),ip_sum=883b
ip_src=192.168.111.100
ip_dst=8.8.8.8
icmp-----------------------------------
icmp_type=8(Echo Request),icmp_code=0,icmp_cksum=41311
icmp_id=24460,icmp_seq=1
icmp-----------------------------------
]
--- recv ---[
---ether_header---
ether_dhost=02:00:00:00:00:01
ether_shost=00:0c:29:4a:e4:28
ether_type=800(IP)
ip--------------------------------------------------------------------------
ip_v=4,ip_hl=5,ip_tos=0,ip_len=84
ip_id=30459,ip_off=0,0
ip_ttl=57,ip_p=1(ICMP),ip_sum=ca91
ip_src=8.8.8.8
ip_dst=192.168.111.100
icmp-----------------------------------
icmp_type=0(Echo Reply),icmp_code=0,icmp_cksum=43359
icmp_id=24460,icmp_seq=1
icmp-----------------------------------
]
84 bytes from 8.8.8.8: icmp_seq=1 ttl=57 time=0.3718 ms
＊＊省略＊＊
84 bytes from 8.8.8.8: icmp_seq=2 ttl=57 time=0.3604 ms
＊＊省略＊＊
84 bytes from 8.8.8.8: icmp_seq=3 ttl=57 time=0.3632 ms
＊＊省略＊＊
84 bytes from 8.8.8.8: icmp_seq=4 ttl=57 time=0.3481 ms
```

　宛先 MAC アドレスが 192.168.111.2 のものになっていますので、ゲートウェイ宛です。応答もゲートウェイの MAC アドレスから返ってきています。また、応答の IP ヘッダ ip_ttl が 57 と、64 から減って返ってきており、ルーターを経由した数がわかります。

　IP-TTL パラメータを 1 にして同じことを実験すると、リクエストの ip_ttl=1 で送信され、ゲートウェイでこれ以上中継できない状態となり、icmp_type が 11

の ICMP パケットがゲートウェイから届きます。

```
=== ICMP echo ===[
---ether_header---
ether_dhost=00:0c:29:4a:e4:28
ether_shost=02:00:00:00:00:01
ether_type=800(IP)
ip------------------------------------------------------------------------------
ip_v=4,ip_hl=5,ip_tos=0,ip_len=84
ip_id=55732,ip_off=0,0
ip_ttl=1,ip_p=1(ICMP),ip_sum=9fd8
ip_src=192.168.111.100
ip_dst=8.8.8.8
icmp------------------------------------
icmp_type=8(Echo Request),icmp_code=0,icmp_cksum=40109
icmp_id=25662,icmp_seq=1
icmp------------------------------------
]
--- recv ---[
---ether_header---
ether_dhost=02:00:00:00:00:01
ether_shost=00:0c:29:4a:e4:28
ether_type=800(IP)
ip------------------------------------------------------------------------------
ip_v=4,ip_hl=5,ip_tos=c0,ip_len=112
ip_id=35098,ip_off=0,0
ip_ttl=64,ip_p=1(ICMP),ip_sum=90fb
ip_src=192.168.111.2
ip_dst=192.168.111.100
icmp------------------------------------
icmp_type=11(Time Exceeded for Datagram),icmp_code=0,icmp_cksum=62719
icmp------------------------------------
]
```

MyEth 側からでなく、他の端末側からも ping を実行してみましょう。

```
# ping -c 5 192.168.111.100
PING 192.168.111.100 (192.168.111.100) 56(84) bytes of data.
64 bytes from 192.168.111.100: icmp_seq=1 ttl=1 time=0.479 ms
64 bytes from 192.168.111.100: icmp_seq=2 ttl=1 time=0.404 ms
64 bytes from 192.168.111.100: icmp_seq=3 ttl=1 time=0.508 ms
```

```
64 bytes from 192.168.111.100: icmp_seq=4 ttl=1 time=0.455 ms
64 bytes from 192.168.111.100: icmp_seq=5 ttl=1 time=0.524 ms

--- 192.168.111.100 ping statistics ---
5 packets transmitted, 5 received, 0% packet loss, time 4000ms
rtt min/avg/max/mdev = 0.404/0.474/0.524/0.042 ms
```

　MyEth の 192.168.111.100 から応答が得られています。このときに MyEth
側では以下のように ICMP エコー要求の受信と ICMP エコー応答の送信の様子
が表示されます。

```
--- recv ---[
---ether_header---
ether_dhost=02:00:00:00:00:01
ether_shost=00:0c:29:4a:e4:28
ether_type=800(IP)
ip-------------------------------------------------------------------------
ip_v=4,ip_hl=5,ip_tos=0,ip_len=84
ip_id=35119,ip_off=0,0
ip_ttl=64,ip_p=1(ICMP),ip_sum=91c2
ip_src=192.168.111.2
ip_dst=192.168.111.100
icmp-----------------------------------
icmp_type=8(Echo Request),icmp_code=0,icmp_cksum=56133
icmp_id=9792,icmp_seq=1
icmp-----------------------------------
]
=== ICMP reply ===[
---ether_header---
ether_dhost=00:0c:29:4a:e4:28
ether_shost=02:00:00:00:00:01
ether_type=800(IP)
ip-------------------------------------------------------------------------
ip_v=4,ip_hl=5,ip_tos=0,ip_len=84
ip_id=22611,ip_off=0,0
ip_ttl=1,ip_p=1(ICMP),ip_sum=019f
ip_src=192.168.111.100
ip_dst=192.168.111.2
icmp-----------------------------------
icmp_type=0(Echo Reply),icmp_code=0,icmp_cksum=58181
icmp_id=9792,icmp_seq=1
```

2-10　仮想 IP ホストプログラムを実行する　　115

```
icmp-----------------------------------
]
```

ping を実行した端末の arp テーブルを確認すると、

```
# arp -a
? (192.168.111.100) at 02:00:00:00:00:01 [ether] on eth3
```

192.168.111.100 が MyEth の MAC アドレスである 02:00:00:00:00:01 であ
ると表示されます。
　MyEth を終了させるには、end を入力するか、Ctrl+C で終了させます。

```
end
ending
```

　MyEth を終了させると、先ほど ping を実行した相手側の端末で ping を実行
しても応答が得られないことを念のため確認しておきましょう。

```
# ping -c 5 192.168.111.100
PING 192.168.111.100 (192.168.111.100) 56(84) bytes of data.
From 192.168.111.2 icmp_seq=1 Destination Host Unreachable
From 192.168.111.2 icmp_seq=2 Destination Host Unreachable
From 192.168.111.2 icmp_seq=3 Destination Host Unreachable
From 192.168.111.2 icmp_seq=4 Destination Host Unreachable
From 192.168.111.2 icmp_seq=5 Destination Host Unreachable

--- 192.168.111.100 ping statistics ---
5 packets transmitted, 0 received, +5 errors, 100% packet loss, time 6015ms
pipe 3
```

2-11
まとめ

　仮想 IP ホストを自作することを実際にやってみましたが、予想よりはるかに簡単だったのではないでしょうか。ARP 要求に応答するだけで IP アドレスの存在を示すことができます。ICMP エコー要求にも応答すれば誰もが存在確認をして実際にあると思い込むことでしょう。OS 配下でソケットライブラリを使っていると、OS やライブラリがとても難しいことをしてくれているように感じるかもしれませんが、実際には必要なパケットが飛び交っているだけのことです。自分の存在を ARP で示し、あとは自分宛に飛んできたパケットを処理するだけです。イーサネットフレームや ARP、IP、ICMP などと階層化されていますので、それぞれの決まりに従ってパケットを生成して送信したり、受信したパケットを解釈したりすれば良いだけのことです。もちろん、せっかく便利なソケットライブラリがあるわけですから、普通の目的であればそれを使うほうが簡単・確実ですが、実際に自分でパケットを扱ってみれば理解も深まります。

　IP 通信は ARP による MAC アドレス解決によって成り立っています。便利な仕組みですが、だまそうと思えば ARP 要求に対して適当な ARP 応答を送りつけることによって簡単にパケットの送信先を変えてしまうこともできます。ARP ジャミングと呼ばれている方法です。これを良い目的に使おうと考えれば、許可していない端末の通信を妨害することもできますし、悪い目的で使おうとすれば、通信のすり替えや妨害もできてしまいます。

　ネットワークの仕組みを理解していれば問題が起きたときの切り分けも確実ですし、問題が起きないような対策も検討できるものです。たまには自分でパケットを眺めたり、パケットを送受信してみたりして理解を深めるのはとても良いことだと思います。

コラム　**本書誕生のきっかけ**

　2017 年 2 月頃、前著『ルーター自作でわかるパケットの流れ』でご一緒した技術評論社の傳さんから「TCP/IP 自作本を出したい」とメールをいただき、3 月初め頃に ARP、ICMP、UDP までは簡単にプロトタイプを作成しました。しかし、「TCP は面倒だなぁ……」と、しばらく仕事も忙しかったこともあり放置していたのですが、IPA 主催の「セキュリティ・キャンプ」で、『ルーター自作でわかるパケットの流れ』をベースに講演をして欲しいと依頼をいただき、「それならルーターよりも TCP/IP 自作の話のほうが良いのでは？」と、本書の内容をベースに話すことになりました。また、4 月頃には仕事でのパートナーさんから製品化の相談があった際に、「TCP/IP 自作プログラムが使える！」と思いつき、4 月後半には TCP も実装して、この段階でほぼ本書のソースコードは完成していました。

　その後、説明文を書き始めたのですが、ソースコードと違って説明を書くのは毎回気分が乗らず、8 月のセキュリティ・キャンプの時点でも第一段階の説明までしか書けず、講演した時点でも UDP、TCP の説明文は全くできていない状態でした。それでも動かせるソースコードができていましたので、実際に動かしてみせながら講演はのりきりました。TCP/IP 自作は参加者の皆さんにも楽しんでもらえたようでした。

　ソースコードは生み出す楽しみや動かす楽しみがあるのですが、説明文を書くのは自分の頭にあることを書き出すだけですので、自分にとってはほぼ楽しみがないのです。もちろん、書いてみると実は中途半端にしか理解できていなかった部分に気がついて調べたりもするのですが、あまり楽しい作業ではありません。「製品開発に使える」「セキュリティ・キャンプで講演する」という 2 つのきっかけがあってもなかなか進まないものです。

　11 月頃に、ゴルフウェアなどを買いすぎて小遣い収支が怪しくなり、そろそろ本を仕上げて小遣い状況改善の目処を……と考えてようやく説明文を書き上げ、なんとか全体がまとまった感じでした。追い詰められないと駄目ということですね。

　さて、本書は私が執筆した技術本の中でもソースコードの割合が多いほうだと思います。それでも、実はソースコードは実質 5 日程度（UDP までは 2 日程度で、TCP が 3 日くらい）で書き終えていて、少ししかない説明文は数ヶ月かかっています（本当に書いていた時間はかなり短いと思いますが）。「はじめに」に書いたように、私自身は説明文にはあまり興味がなく、「ソースコードさえあればなんとかなる」と、毎回新しいことをする際にはソースコードを探し回りますので、説明文を書く作業は毎回とても苦手なのでした。最終的に編集を担当いただいた技術評論社の山﨑さんはとても苦労したことでしょう……。

第3章

UDP通信に対応させ、
DHCPクライアント機能を
実装しよう

〜仮想IPホストプログラム：
第二段階

3-1
仮想IPホストの第二目標

　第一段階では、ARP、ICMP の対応を行える仮想 IP ホストプログラムを作成しました。第二段階ではさらに、前章で作成した仮想 IP ホストプログラムを拡張し、UDP の通信に対応させてみましょう。さらに、UDP の使用例として DHCP クライアント機能も実装します。

- ・ポート番号を指定し、自分宛の UDP の受信ができる
- ・自分から他の IP ホストに UDP の送信ができる
- ・UDP で大きなサイズのデータを送受信し、IP フラグメントの様子を観察する
- ・UDP を使ったプロトコルである DHCP のクライアント機能を実装する

■実現する機能

- ・宛先 IP アドレスとポート番号を指定して UDP パケットを送信する
- ・待ち受けるポート番号を指定し、受信した UDP パケットを表示する
- ・起動時に DHCP により自身の IP アドレス、ネットマスク、デフォルトゲートウェイを取得し、設定する
- ・DHCP リース時間に応じてリース延長を行う
- ・プログラム終了時には DHCP でリリース処理を行う

図 3-1 第二段階でのパケットの流れ

他ホスト デフォルト ゲートウェイ		ネットワーク デバイス	←PF_PACKET→	MyEth[vmac,vip,vmask,gateway]	
	← DHCPDISCOVER				
	DHCPOFFER →				
	← DHCPREQUEST				
	DHCPACK →				→パラメータ
	vip 宛 ARP リクエスト→		→		
	← ARP リプライ		←		
	vip 宛 ICMP エコー リクエスト→		→		
	← ICMP エコーリプライ		←		
	← ARP リクエスト		←		
	ARP リプライ→		→		→ ARP テーブル
	← ICMP エコーリクエスト		←		
	ICMP エコーリプライ→		→		
	←任意の UDP パケット				
	自分宛の UDP パケット→				
	← DHCPREQUEST				
	DHCPACK →				
	← DHCPRELEASE				

■設定ファイル

DHCP に対応するために、vip、vmask、gateway に仕様を追加し、Dhcp
RequestLeaseTime を追加します。

デフォルト：./MyEth.ini
起動時の引数で指定することも可能

- ・IP-TTL の行は IP ヘッダの TTL を指定できる。デフォルトは 64
- ・MTU：IP パケットの MTU。デフォルトは 1500
- ・device：対象ネットワークデバイス

- vmac の行は仮想 MAC アドレスを指定する。物理 MAC アドレスと異なるものを指定する場合にはきちんと理解して使うこと
- vip の行は仮想 IP アドレスを指定する。**オールゼロを指定すると DHCP で取得する**
- vmask の行は仮想 IP アドレスを指定する。**DHCP の場合はオールゼロを指定しておく**
- gateway の行はデフォルトゲートウェイの IP アドレスを指定する。**DHCP の場合はオールゼロを指定しておく**
- **DhcpRequestLeaseTime の行は DHCP サーバに要求するリース時間を秒で指定する**

```
IP-TTL=64
MTU=1500
device=ens161
vip=0.0.0.0
vmask=0.0.0.0
gateway=0.0.0.0
DhcpRequestLeaseTime=30
```

■スレッド構成

スレッド構成は第一段階と同じです。メインスレッドでDHCPリース期間のチェック処理を加えました。また、受信スレッドと標準入力スレッドに UDP の処理を追加します。

太字の部分が追加になった部分です。

図 3-2　第二段階でのスレッド構成

```
main()：メインスレッド
    └─ DhcpCheck()：DHCPチェック処理

MyEthThread()：受信スレッド
    └─ DeviceSocから受信
        └─ EtherRecv()：イーサフレーム受信処理
            ├─ ArpRecv()：ARPパケット受信処理
            │   ├─ ArpAddTable()：ARPテーブルに格納
            │   └─ ArpSend()：ARPパケット送信
            └─ IpRecv()：IPパケット受信処理
                ├─ IcmpRecv()：ICMPパケット受信処理
                └─ UdpRecv()：UDPパケット受信処理

StdInThread()：標準入力スレッド
    └─ stdinから読込
        └─ DoCmd()：コマンド処理
            ├─ DoCmdArp()：ARPコマンド処理
            ├─ DoCmdPing()：pingコマンド処理
            ├─ DoCmdIfconfig()：ifconfigコマンド処理
            ├─ DoCmdNetstat()：ネットワーク状態表示コマンド処理
            ├─ DoCmdUdp()：UDPコマンド処理
            └─ DoCmdEnd()：終了コマンド処理
```

■ 関数構成

太字の部分が追加になった部分です。

```
main()：メイン関数
    SetDefaultParam()：デフォルトパラメータのセット
    ReadParam()：パラメータの読み込み
    IpRecvBufInit()：IP受信バッファ初期化
    init_socket()：ソケット初期化
    show_ifreq()：インターフェース情報の表示
```

3-1　仮想IPホストの第二目標

GetMacAddress()：MAC アドレス調査

sig_term()：終了関連シグナルハンドラ

MyEthThread()：送受信スレッド

  EtherRecv()：イーサネットフレーム受信処理

    ArpRecv()：ARP パケット受信処理

      isTargetIPAddr()：ターゲット IP アドレスの判定

      ArpAddTable()：ARP テーブルへの追加

      ArpSend()：ARP パケットの送信

        EtherSend()：イーサネットフレーム送信

    IpRecv()：IP パケット受信処理

    IpRecvBufAdd()：IP 受信バッファへの追加

    IcmpRecv()：ICMP パケット受信処理

      isTargetIPAddr()

      IcmpSendEchoReply()：ICMP エコーリプライパケットの
                      送信

      IpSend()：IP パケットの送信

        GetTargetMac()：宛先 MAC アドレス取得

          isSameSubnet()：同一サブネット判定

          ArpSearchTable()：ARP テーブルの検索

          ArpSendRequestGratuitous()：GARP パケッ
                        トの送信

            ArpSend()

          ArpSendRequest()：ARP リクエストパケットの
                        送信

            ArpSend()

          DummyWait()：少し待つ

        IpSendLink()：IP パケットをリンクレイヤーで送信

        EtherSend()

      PingCheckReply()：ping 応答のチェック

    UdpRecv()：UDP 受信処理

    UdpChecksum()：UDP チェックサム計算

DhcpRecv()：DHCP 受信処理
　dhcp_get_option()：DHCP オプション取得
　DhcpSendRequest()：DHCPREQUEST 送信
　　MakeDhcpRequest()：DHCP リクエスト作成
　　　dhcp_set_option()：DHCP オプション格納
　　UdpSendLink()：UDP 送信
　　　UdpChecksum()
　　　IpSendLink()
　　DhcpSendDiscover()：DHCPDISCOVER 送信
　　　MakeDhcpRequest()
　　　UdpSendLink()
　UdpSearchTable()：UDP テーブル検索
　IcmpSendDestinationUnreachable()：ICMP
　　　　　　　Distination Unreachable 送信
　IpSend()
IpRecvBufDel()：IP 受信バッファの削除
StdInThread()：標準入力スレッド
　DoCmd()：コマンド処理
　　DoCmdArp()：ARP コマンド処理
　　　ArpShowTable()：ARP テーブルの表示
　　　ArpDelTable()：ARP テーブルの削除
　　DoCmdPing()：ping コマンド処理
　　　PingSend()：ping 送信
　　　　IcmpSendEcho()：ICMP エコーリクエストの送信
　　　　　IpSend()
　　DoCmdIfconfig()：ifconfig コマンド処理
　　DoCmdNetstat()：ネットワーク状態表示コマンド処理
　　　UdpShowTable()：UDP テーブル表示
　　DoCmdUdp()：UDP コマンド処理
　　　UdpSocket()：UDP ソケット作成
　　　　UdpSearchFreePort()：UDP 空きポート検索

3-1　仮想 IP ホストの第二目標　125

　　　　　　UdpSearchTable()
　　　　　　UdpAddTable()：UDP テーブルに追加
　　　　　UdpSocketClose()：UDP ソケットクローズ
　　　　　　UdpSearchTable()
　　　　　MakeString()：文字列データ作成
　　　　　UdpSend()：UDP 送信処理
　　　　　　UdpChecksum()
　　　DoCmdEnd()：終了コマンド処理
　DhcpSendDiscover()
　ArpCheckGArp()：GARP での IP 重複チェック
　　GetTargetMac()
　DhcpCheck()：DHCP チェック処理
　　DhcpSendRequestUni()：DHCPREQUEST ユニキャスト送信
　　　MakeDhcpRequest()
　　　UdpSend()
　　DhcpSendDiscover()
　ending()：終了処理
　　DhcpSendRelease()：DHCPRELEASE 送信
　　　MakeDhcpRequest()
　　　UdpSend()

my_ether_aton()：MAC アドレスの文字列からバイナリへの変換
my_ether_ntoa_r()：MAC アドレスのバイナリから文字列への変換
my_arp_ip_ntoa_r()：ARP 用 IP アドレスのバイナリから文字列への変換

print_ether_header()：イーサネットフレームの表示
print_ether_arp()：ARP パケットの表示
print_ip()：IP パケットの表示
print_icmp()：ICMP パケットの表示
print_udp()：UDP パケットの表示
print_dhcp()：DHCP パケットの表示

126　第 3 章　UDP 通信に対応させ、DHCP クライアント機能を実装しよう　～仮想 IP ホストプログラム：第二段階

print_hex()：16 進ダンプの表示

checksum()：チェックサム計算
checksum2()：2 データ用チェックサム計算

■ソースファイル構成

太字の部分が追加になった部分です。UDPとDHCP関連のソースが追加になっています。

main.c：メイン処理関連
param.c、param.h：パラメータ読み込み関連
sock.c、sock.h：チェックサムなどユーティリティ関数関連
ether.c、ether.h：イーサ関連
arp.c、arp.h：ARP 関連
ip.c、ip.h：IP 関連
icmp.c、icmp.h：ICMP 関連
udp.c、udp.h：UDP 関連
dhcp.c、dhcp.h：DHCP 関連
cmd.c、cmd.h：コマンド処理関連
Makefile：make ファイル

ユーティリティ関数関連の sock.c と sock.h、イーサ関連の ether.h と ether.c、ARP 関連の arp.h と arp.c は、いずれも変更はありません。

3-2
メイン処理に、
UDPに関する処理を追加する
～ main.c

　全ソースを掲載すると前章との重複がかなり多くなってしまいますので、ソースに関しては差分を紹介します。太字の部分が追加になった部分です。追加する関数は通常の文字で関数全体を掲載します。完全なソースは4ページに記載されているサンプルソースのダウンロードで確認してください。

■ UDP、DHCP 関連のヘッダファイルを追加インクルードする

main.c

```
// 省略

#include    <netinet/udp.h>
#include    "udp.h"
#include    "dhcp.h"
```

　udp.h と dhcp.h を追加でインクルードします。それに伴い、netinet/udp.h もインクルードしておきましょう。

■終了時にリース解放を行う

main.c つづき

```
int ending()
{
struct ifreq    if_req;

    printf("ending¥n");

    if(Param.DhcpServer.s_addr!=0){
```

128　第3章　UDP通信に対応させ、DHCPクライアント機能を実装しよう　～仮想IPホストプログラム：第二段階

```
        DhcpSendRelease(DeviceSoc);
    }

    if(DeviceSoc!=-1){
```

　プログラム終了処理の ending() では、DHCP を使っている場合には
DHCPRELEASE をサーバに送信してリース開放を行う処理を追加します。

■リース時間情報を設定する

main.c つづき

```
int main(int argc,char *argv[])
{
char    buf1[80];
int     i,paramFlag;
pthread_attr_t    attr;
pthread_t    thread_id;

    SetDefaultParam();

. . .

    printf("vmac=%s¥n",my_ether_ntoa_r(Param.vmac,buf1));
    printf("vip=%s¥n",inet_ntop(AF_INET,&Param.vip,buf1,sizeof(buf1)));
    printf("vmask=%s¥n",inet_ntop(AF_INET,&Param.vmask,buf1,sizeof(buf1)));
    printf("gateway=%s¥n",inet_ntop(AF_INET,&Param.gateway,buf1,sizeof(buf1)));
    printf("DHCP request lease time=%d¥n",Param.DhcpRequestLeaseTime);

. . .

    if(pthread_create(&thread_id,&attr,StdInThread,NULL)!=0){
        printf("pthread_create:error¥n");
    }

    if(Param.vip.s_addr==0){
        int    count=0;
        do{
            count++;
            if(count>5){
                printf("DHCP fail¥n");
                return(-1);
```

```
        }
        DhcpSendDiscover(DeviceSoc);
        sleep(1);
    }while(Param.vip.s_addr==0);
}

if(ArpCheckGArp(DeviceSoc)==0){
    printf("GArp check fail\n");
    return(-1);
}

while(EndFlag==0){
    sleep(1);
    if(Param.DhcpStartTime!=0){
        DhcpCheck(DeviceSoc);
    }
}

ending();

return(0);
}
```

　main() では、追加したパラメータの Param.DhcpRequestLeaseTime の表
示を追加します。

　DHCP を使用する場合に DHCPDISCOVER を送信し、IP アドレスが取得でき
るまでループする処理を追加し、5 回（5 秒）取得できない場合にはエラーとする
ようにします。

　正常起動後の無限ループでは DHCP を使用している場合、リース更新を行う
ために、DhcpCheck() を実行する処理を追加します。

3-3
設定情報にDHCP関連の情報を追加する
〜 param.c、param.h

　UDP の実例として DHCP を組み込みますので、DHCP 処理に必要な設定情報を追加します。

■リース時間の変数を宣言する

param.h

```
typedef struct {
    char    *device;
    u_int8_t    mymac[6];
    struct in_addr    myip;
    u_int8_t    vmac[6];
    struct in_addr    vip;
    struct in_addr    vmask;
    int    IpTTL;
    int    MTU;
    struct in_addr    gateway;
    u_int32_t    DhcpRequestLeaseTime;
    u_int32_t    DhcpLeaseTime;
    time_t    DhcpStartTime;
    struct in_addr    DhcpServer;
}PARAM;
```

　設定情報の保持用構造体の定義に DHCP 関連の変数を追加します。

■リース時間を読み込む

param.c

```
int ReadParam(char *fname)
```

```
{
FILE    *fp;
char    buf[1024];
char    *ptr,*saveptr;

    ParamFname=fname;

    if((fp=fopen(fname,"r"))==NULL){
        printf("%s cannot read¥n",fname);
        return(-1);
    }

    while(1){
        fgets(buf,sizeof(buf),fp);
        if(feof(fp)){
            break;
        }
        ptr=strtok_r(buf,"=",&saveptr);
        if(ptr!=NULL){
            if(strcmp(ptr,"IP-TTL")==0){
                if((ptr=strtok_r(NULL,"¥r¥n",&saveptr))!=NULL){
                    Param.IpTTL=atoi(ptr);
                }
            }
            else if(strcmp(ptr,"MTU")==0){
. . .
            else if(strcmp(ptr,"vmask")==0){
                if((ptr=strtok_r(NULL," ¥r¥n",&saveptr))!=NULL){
                    Param.vmask.s_addr=inet_addr(ptr);
                }
            }
            else if(strcmp(ptr,"DhcpRequestLeaseTime")==0){
                if((ptr=strtok_r(NULL," ¥r¥n",&saveptr))!=NULL){
                    Param.DhcpRequestLeaseTime=atoi(ptr);
                }
            }
        }
    }

    fclose(fp);

    return(0);
}
```

ReadParam() では追加になった DhcpRequestLeaseTime の読み込みを追
加します。

3-4
IPパケットの処理に
UDPパケットの送受信を追加する
〜 ip.c、ip.h

ip.h の変更はありません。

■ UDP 関連のヘッダファイルをインクルードする

ip.c

```
// 省略

#include    <netinet/udp.h>
#include    "udp.h"
```

UDP 関連のヘッダを追加インクルードします。

■ UDP パケットの受信処理を追加する

ip.c つづき

```
int IpRecv(int soc,u_int8_t *raw,int raw_len,struct ether_header *eh, 🔁
u_int8_t *data,int len)
{
struct ip    *ip;
u_int8_t    option[1500];
u_int16_t    sum;
int    optionLen,no,off,plen;
u_int8_t    *ptr=data;

    if(len<(int)sizeof(struct ip)){
        printf("len(%d)<sizeof(struct ip)\n",len);
        return(-1);
    }
    ip=(struct ip *)ptr;
```

```
    ptr+=sizeof(struct ip);
    len-=sizeof(struct ip);
. . .
    no=IpRecvBufAdd(ntohs(ip->ip_id));
    off=(ntohs(ip->ip_off)&IP_OFFMASK)*8;
    memcpy(IpRecvBuf[no].data+off,ptr,plen);
    if(!(ntohs(ip->ip_off)&IP_MF)){
        IpRecvBuf[no].len=off+plen;
        if(ip->ip_p==IPPROTO_ICMP){
            IcmpRecv(soc,raw,raw_len,eh,ip,IpRecvBuf[no].data, ☑
IpRecvBuf[no].len);
        }
        else if(ip->ip_p==IPPROTO_UDP){
            UdpRecv(soc,eh,ip,IpRecvBuf[no].data,IpRecvBuf[no].len);
        }
        IpRecvBufDel(ntohs(ip->ip_id));
    }

    return(0);
}
```

　第一段階では ICMP パケットの処理だけを行っていましたが、UDP の処理も行
うために、IPPROTO_UDP の場合に UdpRecv() を実行する記述を追加します。

3-4　IP パケットの処理に UDP パケットの送受信を追加する　〜 ip.c、ip.h　135

3-5
ICMPパケットの処理にUDPで必要な処理を追加する
～ icmp.c、icmp.h

UDPパケットを受信した際に、宛先ポート番号を受信するプログラムが存在しない場合にICMPで到達不能メッセージを送信元に送る処理を追加します。

■ ICMP Destination Unreachable の関数を宣言する

icmp.h

```
int print_icmp(struct icmp *icmp);
int IcmpSendEchoReply(int soc,struct ip *r_ip,struct icmp *r_icmp, 🔁
u_int8_t *data,int len,int ip_ttl);
int IcmpSendEcho(int soc,struct in_addr *daddr,int seqNo,int size);
int IcmpSendDestinationUnreachable(int soc,struct in_addr *daddr, 🔁
struct ip *ip,u_int8_t *data,int len);
int PingSend(int soc,struct in_addr *daddr,int size);
int IcmpRecv(int soc,u_int8_t *raw,int raw_len,struct ether_header *eh, 🔁
struct ip *ip,u_int8_t *data,int len);
int PingCheckReply(struct ip *ip,struct icmp *icmp);
```

IcmpSendDestinationUnreachable() のプロトタイプ宣言を追加します。

■到達不能メッセージを送信する

icmp.c

```
int IcmpSendDestinationUnreachable(int soc,struct in_addr *daddr, 🔁
struct ip *ip,u_int8_t *data,int len)
{
u_int8_t    *ptr;
u_int8_t    sbuf[64*1024];
struct icmp    *icmp;
```

紙面版 電脳会議 DENNOUKAIGI 一切無料

が旬の情報を満載して
送りします!

『脳会議』は、年6回の不定期刊行情報誌です。
判・16頁オールカラーで、弊社発行の新刊・近
書籍・雑誌を紹介しています。この『電脳会議』
特徴は、単なる本の紹介だけでなく、著者と編集
が協力し、その本の重点や狙いをわかりやすく説
していることです。現在200号に迫っている、出
界で評判の情報誌です。

毎号、厳選ブックガイドもついてくる!!

『電脳会議』とは別に、1テーマごとにセレクトした優良図書を紹介するブックカタログ（A4判・4頁オールカラー）が2点同封されます。

電子書籍を読んでみよう！

| 技術評論社　GDP | 検　索 |

と検索するか、以下のURLを入力してください。

https://gihyo.jp/dp

1 アカウントを登録後、ログインします。
【外部サービス(Google、Facebook、Yahoo!JAPAN)でもログイン可能】

2 ラインナップは入門書から専門書、趣味書まで1,000点以上！

3 購入したい書籍を  に入れます。

4 お支払いは「PayPal」「YAHOO!ウォレット」に決済します。

5 さあ、電子書籍の読書スタートです！

● **ご利用上のご注意**　当サイトで販売されている電子書籍のご利用にあたっては、以下の点にご留
■ **インターネット接続環境**　電子書籍のダウンロードについては、ブロードバンド環境を推奨いたします。
■ **閲覧環境**　PDF版については、Adobe ReaderなどのPDFリーダーソフト、EPUB版については、EP
■ **電子書籍の複製**　当サイトで販売されている電子書籍は、購入した個人のご利用を目的としてのみ、閲覧
ご覧いただく人数分をご購入いただきます。
■ **改ざん・複製・共有の禁止**　電子書籍の著作権はコンテンツの著作権者にありますので、許可を得な

Software Design WEB+DB PRESS も電子版で読める

電子版定期購読が便利!

くわしくは、
「Gihyo Digital Publishing」
のトップページをご覧ください。

電子書籍をプレゼントしよう！🎁

ihyo Digital Publishing でお買い求めいただける特定の商
と引き替えが可能な、ギフトコードをご購入いただけるようにな
ました。おすすめの電子書籍や電子雑誌を贈ってみませんか？

こんなシーンで… ●ご入学のお祝いに ●新社会人への贈り物に ……

ギフトコードとは？ Gihyo Digital Publishing で販売してい
商品と引き替えできるクーポンコードです。コードと商品は一
一で結びつけられています。

くわしいご利用方法は、「Gihyo Digital Publishing」をご覧ください。

のインストールが必要となります。
を行うことができます。法人・学校での一括購入においても、利用者1人につき1アカウントが必要となり、
への譲渡、共有はすべて著作権法および規約違反です。

電脳会議
紙面版
新規送付のお申し込みは…

ウェブ検索またはブラウザへのアドレス入力の
どちらかをご利用ください。
GoogleやYahoo!のウェブサイトにある検索ボックスで、

電脳会議事務局　　検 索

と検索してください。
または、Internet Explorerなどのブラウザで、

https://gihyo.jp/site/inquiry/dennou

と入力してください。

一切無料！

「電脳会議」紙面版の送付は送料含め費用は一切無料です。
そのため、購読者と電脳会議事務局との間には、権利&義務関係は一切生じませんので、予めご了承ください。

技術評論社　電脳会議事務局
〒162-0846　東京都新宿区市谷左内町21-13

```
    ptr=sbuf;
    icmp=(struct icmp *)ptr;
    memset(icmp,0,sizeof(struct icmp));
    icmp->icmp_type=ICMP_DEST_UNREACH;
    icmp->icmp_code=ICMP_PORT_UNREACH;
    icmp->icmp_cksum=0;

    ptr+=ECHO_HDR_SIZE;

    memcpy(ptr,ip,sizeof(struct ip));
    ptr+=sizeof(struct ip);

    if(len>=64){
        memcpy(ptr,data,64);
        ptr+=64;
    }
    else{
        memcpy(ptr,data,len);
        ptr+=len;
    }

    icmp->icmp_cksum=checksum((u_int8_t *)sbuf,ptr-sbuf);

printf("=== ICMP Destination Unreachable ===[¥n"];
    IpSend(soc,&Param.vip,daddr,IPPROTO_ICMP,0,Param.IpTTL,sbuf,ptr-sbuf);
print_icmp(icmp);
printf(")¥n");

    return (0);
}
```

　IcmpSendDestinationUnreachable() を追加します。type に ICMP_DEST_
UNREACH、code に ICMP_PORT_UNREACH をセットし、受信データの IP ヘッ
ダをデータとしたパケットを IpSend() で送信します。

3-5　ICMP パケットの処理に UDP で必要な処理を追加する　〜 icmp.c、icmp.h　　137

3-6
UDPのコマンド処理を追加する
〜 cmd.c、cmd.h

■ UDP 関連のプロトタイプ宣言

cmd.h

```
int DoCmdArp(char **cmdline);
int DoCmdPing(char **cmdline);
int DoCmdIfconfig(char **cmdline);
int DoCmdNetstat(char **cmdline);
int DoCmdUdp(char **cmdline);
int DoCmdEnd(char **cmdline);
int DoCmd(char *cmd);
```

DoCmdUdp() のプロトタイプ宣言を追加します。

■ UDP 関連のヘッダファイルをインクルードする

cmd.c

```
// 省略

#include    <netinet/udp.h>
#include    "udp.h"
```

UDP 関連ヘッダのインクルードを追加します。

■ 文字列データを作成する

cmd.c つづき

```
int MakeString(char *data)
{
```

138　第 3 章　UDP 通信に対応させ、DHCP クライアント機能を実装しよう　〜仮想 IP ホストプログラム：第二段階

```
char    *tmp=strdup(data);
char    *wp,*rp;

    for(wp=tmp,rp=data;*rp!='¥0';rp++){
        if(*rp=='¥¥'&&*(rp+1)!='¥0'){
            rp++;
            switch(*rp){
                case    'n':
                    *wp='¥n';wp++;break;
                case    'r':
                    *wp='¥r';wp++;break;
                case    't':
                    *wp='¥t';wp++;break;
                case    '¥¥':
                    *wp='¥¥';wp++;break;
                default:
                    *wp='¥¥';wp++;
                    *wp=*rp;wp++;break;
            }
        }
        else{
            *wp=*rp;wp++;
        }
    }
    *wp='¥0';
    strcpy(data,tmp);
    free(tmp);

    return(0);
}
```

　MakeString() 関数を追加します。「¥n」を改行に置き換えるような感じで、
文字列データを変換するための関数です。

■ IP 割り当ての情報を表示する

cmd.c つづき

```
int DoCmdIfconfig(char **cmdline)
{
char    buf1[80];
```

3-6　UDP のコマンド処理を追加する　～ cmd.c、cmd.h　　139

```
    printf("device=%s\n",Param.device);
    printf("vmac=%s\n",my_ether_ntoa_r(Param.vmac,buf1));
    printf("vip=%s\n",inet_ntop(AF_INET,&Param.vip,buf1,sizeof(buf1)));
    printf("vmask=%s\n",inet_ntop(AF_INET,&Param.vmask,buf1,sizeof(buf1)));
    printf("gateway=%s\n",inet_ntop(AF_INET,&Param.gateway,buf1,sizeof(buf1)));
    if(Param.DhcpStartTime==0){
        printf("Static\n");
    }
    else{
        printf("DHCP request lease time=%d\n",Param.DhcpRequestLeaseTime);
        printf("DHCP server=%s\n",inet_ntop(AF_INET,&Param.DhcpServer, 🔁
buf1,sizeof(buf1)));
        printf("DHCP start time:%s",ctime(&Param.DhcpStartTime));
        printf("DHCP lease time:%d\n",Param.DhcpLeaseTime);
    }
    printf("IpTTL=%d,MTU=%d\n",Param.IpTTL,Param.MTU);

    return(0);
}
```

　DoCmdIfconfig() 関数に追加になったパラメータを表示する処理を追記します。

■ UDP テーブルの状態を表示する

cmd.c つづき

```
int DoCmdNetstat(char **cmdline)
{
    printf("------------------------------\n");
    printf("proto:no:port=data\n");
    printf("------------------------------\n");
    UdpShowTable();

    return(0);
}
```

　DoCmdNetstat() 関数を追加します。UdpShowTable() を実行して UDP の情報を表示します。

140　第 3 章　UDP 通信に対応させ、DHCP クライアント機能を実装しよう　〜仮想 IP ホストプログラム：第二段階

■ UDP に関するコマンドを処理する

cmd.c つづき

```c
int DoCmdUdp(char **cmdline)
{
char    *ptr;
u_int16_t    port;
int    no,ret;

    if((ptr=strtok_r(NULL," \r\n",cmdline))==NULL){
        printf("DoCmdUdp:no arg\n");
        return(-1);
    }
    if(strcmp(ptr,"open")==0){
        if((ptr=strtok_r(NULL," \r\n",cmdline))==NULL){
            no=UdpSocket(0);
        }
        else{
            port=atoi(ptr);
            no=UdpSocket(port);
        }
        printf("DoCmdUdp:no=%d\n",no);
    }
    else if(strcmp(ptr,"close")==0){
        if((ptr=strtok_r(NULL," \r\n",cmdline))==NULL){
            printf("DoCmdUdp:close:no arg\n");
            return(-1);
        }
        port=atoi(ptr);
        ret=UdpSocketClose(port);
        printf("DoCmdUdp:ret=%d\n",ret);
    }
    else if(strcmp(ptr,"send")==0){
        char    *p_addr,*p_port;
        struct in_addr    daddr;
        u_int16_t    sport,dport;

        if((ptr=strtok_r(NULL," \r\n",cmdline))==NULL){
            printf("DoCmdUdp:send:no arg\n");
            return(-1);
        }
        sport=atoi(ptr);
```

3-6 UDP のコマンド処理を追加する 〜 cmd.c、cmd.h   141

```
        if((p_addr=strtok_r(NULL,":\r\n",cmdline))==NULL){
            printf("DoCmdUdp:send:%u no arg\n",sport);
            return(-1);
        }
        if((p_port=strtok_r(NULL," \r\n",cmdline))==NULL){
            printf("DoCmdUdp:send:%u %s:no arg\n",sport,p_addr);
            return(-1);
        }
        inet_aton(p_addr,&daddr);
        dport=atoi(p_port);
        if((ptr=strtok_r(NULL,"\r\n",cmdline))==NULL){
            printf("DoCmdUdp:send:%u %s:%d no arg\n",sport,p_addr,dport);
            return(-1);
        }
        MakeString(ptr);
        UdpSend(DeviceSoc,&Param.vip,&daddr,sport,dport,0,(u_int8_t *) ⏎
ptr,strlen(ptr));
    }
    else{
        printf("DoCmdUdp:[%s] unknown\n",ptr);
        return(-1);
    }

    return(0);
}
```

　DoCmdUdp() を追加します。open、close、send コマンドの処理を記述します。

　open でポート番号が指定されなかった場合には使用していないポート番号を自動で選択するように、UdpSocket() の引数を 0 で呼び出します。

　send の際には、MakeString() を使うことで送信データに改行文字などを含めることができるようにしています。

▒ UDP コマンド処理への分岐を追加する

cmd.c つづき

```
int DoCmd(char *cmd)
{
char    *ptr,*saveptr;
```

```c
    if((ptr=strtok_r(cmd," ¥r¥n",&saveptr))==NULL){
        printf("DoCmd:no cmd¥n");
        printf("-------------------------------------¥n");
        printf("arp -a : show arp table¥n");
        printf("arp -d addr : del arp table¥n");
        printf("ping addr [size] : send ping¥n");
        printf("ifconfig : show interface configuration¥n");
        printf("netstat : show active ports¥n");
        printf("udp open port : open udp-recv port¥n");
        printf("udp close port : close udp-recv port¥n");
        printf("udp send sport daddr:dport data : send udp¥n");
        printf("end : end program¥n");
        printf("-------------------------------------¥n");
        return(-1);
    }


    if(strcmp(ptr,"arp")==0){
        DoCmdArp(&saveptr);
        return(0);
    }
    else if(strcmp(ptr,"ping")==0){
        DoCmdPing(&saveptr);
        return(0);
    }
    else if(strcmp(ptr,"ifconfig")==0){
        DoCmdIfconfig(&saveptr);
        return(0);
    }
    else if(strcmp(ptr,"netstat")==0){
        DoCmdNetstat(&saveptr);
        return(0);
    }
    else if(strcmp(ptr,"udp")==0){
        DoCmdUdp(&saveptr);
        return(0);
    }
    else if(strcmp(ptr,"end")==0){
        DoCmdEnd(&saveptr);
        return(0);
    }
    else{
        printf("DoCmd:unknown cmd : %s¥n",ptr);
```

3-6　UDPのコマンド処理を追加する　〜cmd.c、cmd.h

```
        return(-1);
    }
}
```

DoCmd() 関数に、netstat と udp 関連の記述を追加します。

3-7
UDPの処理を行う
〜 udp.h、udp.c

新しく追加するソースファイルです。

■関数のプロトタイプ宣言

udp.h

```
int print_udp(struct udphdr *udp);
u_int16_t UdpChecksum(struct in_addr *saddr,struct in_addr *daddr, ⤶
u_int8_t proto,u_int8_t *data,int len);
int UdpAddTable(u_int16_t port);
int UdpSearchTable(u_int16_t port);
int UdpShowTable();
u_int16_t UdpSearchFreePort();
int UdpSocket(u_int16_t port);
int UdpSocketClose(u_int16_t port);
int UdpSendLink(int soc,u_int8_t smac[6],u_int8_t dmac[6],struct in_addr ⤶
*saddr,struct in_addr *daddr,u_int16_t sport,u_int16_t dport, ⤶
int dontFlagment,u_int8_t *data,int len);
int UdpSend(int soc,struct in_addr *saddr,struct in_addr *daddr, ⤶
u_int16_t sport,u_int16_t dport,int dontFlagment,u_int8_t *data,int len);
int UdpRecv(int soc,struct ether_header *eh,struct ip *ip,u_int8_t *data, ⤶
int len);
```

udp.c に含まれる関数のプロトタイプ宣言を記述します。

■ヘッダファイルのインクルードと変数の宣言

udp.c

```
#include    <stdio.h>
#include    <unistd.h>
#include    <stdlib.h>
#include    <string.h>
```

3-7　UDP の処理を行う　〜 udp.h、udp.c　145

```
#include     <sys/ioctl.h>
#include     <netpacket/packet.h>
#include     <netinet/ip_icmp.h>
#include     <netinet/if_ether.h>
#include     <netinet/udp.h>
#include     <linux/if.h>
#include     <arpa/inet.h>
#include     <pthread.h>
#include     "sock.h"
#include     "ether.h"
#include     "ip.h"
#include     "icmp.h"
#include     "dhcp.h"
#include     "udp.h"
#include     "param.h"

extern PARAM     Param;
```

udp.c に、必要なインクルードファイルの記述と、設定情報を extern で外部参照する記述を行います。

udp.c

```
struct pseudo_ip{
    struct in_addr   ip_src;
    struct in_addr   ip_dst;
    u_int8_t     dummy;
    u_int8_t     ip_p;
    u_int16_t    ip_len;
};
```

UDP チェックサムを計算する際に使用する疑似ヘッダ構造体の定義です。

udp.c つづき

```
#define     UDP_TABLE_NO     (16)

typedef struct     {
    u_int16_t    port;
}UDP_TABLE;
```

```
UDP_TABLE    UdpTable[UDP_TABLE_NO];
```

　アクティブな UDP 受信ポートを保持するための UDP_TABLE 構造体の定義と、16 個格納できるテーブルの実体を記述します。

udp.c つづき

```
pthread_rwlock_t    UdpTableLock=PTHREAD_RWLOCK_INITIALIZER;
```

　UDP テーブルの変更時に使用する RW ロックを記述します。

■ UDP ヘッダ情報を表示する

udp.c つづき

```
int print_udp(struct udphdr *udp)
{
    printf("udp------------------------------------------------------------ ☑
----------------¥n");

    printf("source=%d¥n",ntohs(udp->source));
    printf("dest=%d¥n",ntohs(udp->dest));
    printf("Len=%d¥n",ntohs(udp->len));
    printf("check=%04x¥n",ntohs(udp->check));

    return(0);
}
```

　UDP ヘッダの情報を標準出力に出力する関数です。

■ チェックサムの計算を行う

udp.c つづき

```
u_int16_t UdpChecksum(struct in_addr *saddr,struct in_addr *daddr, ☑
u_int8_t proto,u_int8_t *data,int len)
{
struct pseudo_ip    p_ip;
u_int16_t    sum;
```

3-7　UDP の処理を行う　～ udp.h、udp.c　147

```
    memset(&p_ip,0,sizeof(struct pseudo_ip));
    p_ip.ip_src.s_addr=saddr->s_addr;
    p_ip.ip_dst.s_addr=daddr->s_addr;
    p_ip.ip_p=proto;
    p_ip.ip_len=htons(len);

    sum=checksum2((u_int8_t *)&p_ip,sizeof(struct pseudo_ip),data,len);
    if(sum==0x0000){
        sum=0xFFFF;
    }
    return(sum);
}
```

　UDP チェックサムを計算する関数です。IP 疑似ヘッダに IP ヘッダの情報を格納してから全体を計算します。

■ UDP テーブルの追加、検索、表示をする

udp.c つづき

```
int UdpAddTable(u_int16_t port)
{
int     i,freeNo;

    pthread_rwlock_wrlock(&UdpTableLock);

    freeNo=-1;
    for(i=0;i<UDP_TABLE_NO;i++){
        if(UdpTable[i].port==port){
            printf("UdpAddTable:port %d:already exist¥n",port);
            pthread_rwlock_unlock(&UdpTableLock);
            return(-1);
        }
        else if(UdpTable[i].port==0){
            if(freeNo==-1){
                freeNo=i;
            }
        }
    }
    if(freeNo==-1){
        printf("UdpAddTable:no free table¥n");
        pthread_rwlock_unlock(&UdpTableLock);
```

```
        return(-1);
    }
    UdpTable[freeNo].port=port;

    pthread_rwlock_unlock(&UdpTableLock);

    return(freeNo);
}
```

　UDP テーブルに 1 つ追加する関数です。RW ロックで書き込みロックを取得し
てから処理します。ソースの単純化のため、UDP テーブルは 16 個固定です。

udp.c つづき

```
int UdpSearchTable(u_int16_t port)
{
int     i;

    pthread_rwlock_rdlock(&UdpTableLock);

    for(i=0;i<UDP_TABLE_NO;i++){
        if(UdpTable[i].port==port){
            pthread_rwlock_unlock(&UdpTableLock);
            return(i);
        }
    }

    pthread_rwlock_unlock(&UdpTableLock);

    return(-1);
}
```

　UDP テーブルから指定したポート番号を探します。見つからない場合は－ 1 を
リターンします。RW ロックのリードロックを取得してから処理します。

udp.c つづき

```
int UdpShowTable()
{
int     i;
```

3-7　UDP の処理を行う　～ udp.h、udp.c　　149

```
    pthread_rwlock_rdlock(&UdpTableLock);

    for(i=0;i<UDP_TABLE_NO;i++){
        if(UdpTable[i].port!=0){
            printf("UDP:%d:%u\n",i,UdpTable[i].port);
        }
    }

    pthread_rwlock_unlock(&UdpTableLock);

    return(0);
}
```

UDPテーブルの情報を標準出力に出力します。

■空きポートの検索

udp.c つづき

```
u_int16_t UdpSearchFreePort()
{
u_int16_t    i;

    for(i=32768;i<61000;i++){
        if(UdpSearchTable(i)==-1){
            return(i);
        }
    }

    return(0);
}
```

UDPの空きポートを 32,768 から 61,000 までで検索します。ワイルドカード
ポートに使います。

■受信ポートを準備する

udp.c つづき

```
int UdpSocket(u_int16_t port)
{
```

```
int    no;

    if(port==DHCP_CLIENT_PORT){
        printf("UdpSocket:port %d:cannot use\n",port);
        return(-1);
    }
    if(port==0){
        if((port=UdpSearchFreePort())==0){
            printf("UdpSocket:no free port\n");
            return(-1);
        }
    }
    no=UdpAddTable(port);
    if(no==-1){
        return(-1);
    }
    return(no);
}
```

　UDP 受信ポートを準備します。DHCP のクライアントポート（レスポンスを受信するポート）は DHCP 処理で使いますのでチェックしています。引数の port が 0 の場合はワイルドカードポートとして、UdpSearchFreePort() で空きポートを検索して使います。UdpAddTable() で UDP テーブルに追加して待ち受け可能になります。

■受信ポートをクローズする

udp.c つづき

```
int UdpSocketClose(u_int16_t port)
{
int    no;

    no=UdpSearchTable(port);
    if(no==-1){
        printf("UdpSocketClose:%u:not exists\n",port);
        return(-1);
    }
    pthread_rwlock_wrlock(&UdpTableLock);
    UdpTable[no].port=0;
```

3-7　UDP の処理を行う　～udp.h、udp.c　　151

```
    pthread_rwlock_unlock(&UdpTableLock);

    return(0);
}
```

　UDP 受信ポートをクローズします。UDP テーブルから指定したポート番号を
削除します。

■ UDP の送信を行う

udp.c つづき

```
int UdpSendLink(int soc,u_int8_t smac[6],u_int8_t dmac[6],struct in_addr ☑
*saddr,struct in_addr *daddr,u_int16_t sport,u_int16_t dport, ☑
int dontFlagment,u_int8_t *data,int len)
{
u_int8_t    *ptr,sbuf[64*1024];
struct udphdr    *udp;

    ptr=sbuf;
    udp=(struct udphdr *)ptr;
    memset(udp,0,sizeof(struct udphdr));
    udp->source=htons(sport);
    udp->dest=htons(dport);
    udp->len=htons(sizeof(struct udphdr)+len);
    udp->check=0;
    ptr+=sizeof(struct udphdr);

    memcpy(ptr,data,len);
    ptr+=len;
    udp->check=UdpChecksum(saddr,daddr,IPPROTO_UDP,sbuf,ptr-sbuf);

printf("=== UDP ===[¥n");
    IpSendLink(soc,smac,dmac,saddr,daddr,IPPROTO_UDP,dontFlagment, ☑
Param.IpTTL,sbuf,ptr-sbuf);
print_udp(udp);
print_hex(data,len);
printf(")¥n");

    return(0);
}
```

UDP パケットを送受信 MAC アドレス指定で送信する関数です。DHCP では宛先をブロードキャストにする必要があり、通常時に使用する UdpSend() とは別に用意しました。

udp.c つづき

```
int UdpSend(int soc,struct in_addr *saddr,struct in_addr *daddr, ☑
u_int16_t sport,u_int16_t dport,int dontFlagment,u_int8_t *data,int len)
{
u_int8_t     *ptr,sbuf[64*1024];
struct udphdr    *udp;

    ptr=sbuf;
    udp=(struct udphdr *)ptr;
    memset(udp,0,sizeof(struct udphdr));
    udp->source=htons(sport);
    udp->dest=htons(dport);
    udp->len=htons(sizeof(struct udphdr)+len);
    udp->check=0;
    ptr+=sizeof(struct udphdr);

    memcpy(ptr,data,len);
    ptr+=len;
    udp->check=UdpChecksum(saddr,daddr,IPPROTO_UDP,sbuf,ptr-sbuf);

printf("=== UDP ===[¥n");
    IpSend(soc,saddr,daddr,IPPROTO_UDP,dontFlagment,Param.IpTTL,sbuf,ptr-sbuf);
print_udp(udp);
print_hex(data,len);
printf(")¥n");

    return(0);
}
```

　UDP パケットを送信するための関数です。MAC アドレスの解決は IpSend() 側に任せています。

3-7　UDP の処理を行う　～ udp.h、udp.c　　153

■ UDP の受信処理を行う

udp.c つづき

```
int UdpRecv(int soc,struct ether_header *eh,struct ip *ip,u_int8_t *data, 🔁
int len)
{
struct udphdr    *udp;
u_int8_t    *ptr=data;
u_int16_t    sum;
int    udplen;

    udplen=len;

    sum=UdpChecksum(&ip->ip_src,&ip->ip_dst,ip->ip_p,data,udplen);
    if(sum!=0&&sum!=0xFFFF){
        printf("UdpRecv:bad udp checksum(%x):udplen=%u¥n",sum,udplen);
        return(-1);
    }

    udp=(struct udphdr *)ptr;
    ptr+=sizeof(struct udphdr);
    udplen-=sizeof(struct udphdr);

    if(ntohs(udp->dest)==DHCP_CLIENT_PORT){
        DhcpRecv(soc,ptr,udplen,eh,ip,udp);
    }
    else{
        if(UdpSearchTable(ntohs(udp->dest))!=-1){
            printf("--- recv ---[¥n");
            print_ether_header(eh);
            print_ip(ip);
            print_udp(udp);
            print_hex(ptr,udplen);
            printf("]¥n");
        }
        else{
            IcmpSendDestinationUnreachable(soc,&ip->ip_src,ip,data,len);
        }
    }

    return(0);
}
```

UDP 受信処理です。チェックサムの確認を行い、DHCP のレスポンスが戻って
きた場合は DhcpRecv() を実行します。UdpSearchTable() で待ち受けポートの
場合は受信したパケットを標準出力に出力し、待ち受けポートでない場合は
IcmpSendDestinationUnreachable() で ICMP の Destination Unreachable
を応答します。

3-8
ネットワークアドレスを
動的に割り当ててもらう
～ dhcp.h、dhcp.c

新しく追加するソースファイルです。

■定数や構造体を定義する

dhcp.h

```
#define DHCP_SERVER_PORT  (67)
#define DHCP_CLIENT_PORT  (68)

#define DHCP_UDP_OVERHEAD       (14 + /* Ethernet header */     ¥
                                 20 + /* IP header */           ¥
                                 8)   /* UDP header */
#define DHCP_SNAME_LEN          64
#define DHCP_FILE_LEN           128
#define DHCP_FIXED_NON_UDP      236
#define DHCP_FIXED_LEN          (DHCP_FIXED_NON_UDP + DHCP_UDP_OVERHEAD)
#define DHCP_MTU_MAX            1500
#define DHCP_OPTION_LEN         (DHCP_MTU_MAX - DHCP_FIXED_LEN)

struct dhcp_packet {
        u_int8_t  op;          /* 0: Message opcode/type */
        u_int8_t  htype;       /* 1: Hardware addr type (net/if_types.h) */
        u_int8_t  hlen;        /* 2: Hardware addr length */
        u_int8_t  hops;        /* 3: Number of relay agent hops from client */
        u_int32_t xid;         /* 4: Transaction ID */
        u_int16_t secs;        /* 8: Seconds since client started looking */
        u_int16_t flags;       /* 10: Flag bits */
        struct in_addr ciaddr; /* 12: Client IP address (if already in use) */
        struct in_addr yiaddr; /* 16: Client IP address */
        struct in_addr siaddr; /* 18: IP address of next server to talk to */
        struct in_addr giaddr; /* 20: DHCP relay agent IP address */
```

156　第3章　UDP 通信に対応させ、DHCP クライアント機能を実装しよう　～仮想 IP ホストプログラム：第二段階

```
        u_int8_t         chaddr [16];       /* 24: Client hardware address */
        char sname [DHCP_SNAME_LEN];       /* 40: Server name */
        char file [DHCP_FILE_LEN];         /* 104: Boot filename */
        u_int8_t         options [DHCP_OPTION_LEN];
                         /* 212: Optional parameters
                                 (actual length dependent on MTU). */
};

#define BOOTREQUEST      1
#define BOOTREPLY        2


#define HTYPE_ETHER      1       /* Ethernet 10Mbps        */
#define HTYPE_IEEE802    6       /* IEEE 802.2 Token Ring...  */
#define HTYPE_FDDI       8       /* FDDI...                */


#define DHCP_OPTIONS_COOKIE     "\143\202\123\143"


#define DHCPDISCOVER     1
#define DHCPOFFER        2
#define DHCPREQUEST      3
#define DHCPDECLINE      4
#define DHCPACK          5
#define DHCPNAK          6
#define DHCPRELEASE      7
#define DHCPINFORM       8


#define OPTION_STR_MAX   64

typedef struct {
        int     no;
        char    kind;
        char    *data;
        int     len;
}OPTION;
```

DHCP に必要な定数や構造体の定義です。

■関数のプロトタイプ宣言

dhcp.h つづき

```
int print_dhcp(struct dhcp_packet *pa,int size);
```

```
u_int8_t *dhcp_set_option(u_int8_t *ptr,int tag,int size,u_int8_t *buf);
int dhcp_get_option(struct dhcp_packet *pa,int size,int opno,void *val);
int MakeDhcpRequest(struct dhcp_packet *pa,u_int8_t mtype, ⤵
struct in_addr *ciaddr,struct in_addr *req_ip,struct in_addr *server);
int DhcpSendDiscover(int soc);
int DhcpSendRequest(int soc,struct in_addr *yiaddr,struct in_addr *server);
int DhcpSendRequestUni(int soc);
int DhcpSendRelease(int soc);
int DhcpRecv(int soc,u_int8_t *data,int len,struct ether_header *eh, ⤵
struct ip *ip,struct udphdr *udp);
int DhcpCheck(int soc);
```

dhcp.c に含まれる関数のプロトタイプ宣言です。

■ヘッダのインクルードと変数の宣言

dhcp.c

```
#include        <stdio.h>
#include        <ctype.h>
#include        <unistd.h>
#include        <stdlib.h>
#include        <string.h>
#include        <time.h>
#include        <sys/ioctl.h>
#include        <netpacket/packet.h>
#include        <netinet/if_ether.h>
#include        <netinet/ip.h>
#include        <netinet/udp.h>
#include        <linux/if.h>
#include        <arpa/inet.h>
#include        "sock.h"
#include        "ether.h"
#include        "arp.h"
#include        "ip.h"
#include        "udp.h"
#include        "dhcp.h"
#include        "param.h"

extern PARAM    Param;
extern u_int8_t BcastMac[6];
```

dhcp.c で必要なインクルードファイルの記述と、設定情報、ブロードキャスト
MACアドレスの外部参照を記述しておきます。

■ DHCPパケットの情報をオプションごとに表示する

dhcp.c つづき

```c
int print_dhcp(struct dhcp_packet *pa,int size)
{
int      i;
char     cookie[4];
u_int8_t     *ptr;
struct in_addr  addr;
u_int32_t    l;
u_int16_t    s;
int      end,n;
char     buf[512],buf1[80];

        printf("dhcp---------------------------------------------------------- ☑
---------------------¥n");

        printf("op=%d:",pa->op);
        if(pa->op==BOOTREQUEST){
                printf("BOOTREQUEST¥n");
        }
        else if(pa->op==BOOTREPLY){
                printf("BOOTREPLY¥n");
        }
        else{
                printf("UNDEFINE¥n");
                return(-1);
        }

        printf("htype=%d:",pa->htype);
        if(pa->htype==HTYPE_ETHER){
                printf("HTYPE_ETHER¥n");
        }
        else if(pa->htype==HTYPE_IEEE802){
                printf("HTYPE_IEEE802¥n");
        }
        else{
                printf("UNDEFINE¥n");
                return(-1);
```

3-8 ネットワークアドレスを動的に割り当ててもらう ～ dhcp.h、dhcp.c　159

```
        }

        printf("hlen=%d\n",pa->hlen);

        printf("hops=%d\n",pa->hops);

        printf("xid=%u\n",pa->xid);

        printf("secs=%d\n",pa->secs);

        printf("flags=%x\n",pa->flags);

        printf("ciaddr=%s\n",inet_ntop(AF_INET,&pa->ciaddr,buf1,sizeof(buf1)));

        printf("yiaddr=%s\n",inet_ntop(AF_INET,&pa->yiaddr,buf1,sizeof(buf1)));

        printf("siaddr=%s\n",inet_ntop(AF_INET,&pa->siaddr,buf1,sizeof(buf1)));

        printf("giaddr=%s\n",inet_ntop(AF_INET,&pa->giaddr,buf1,sizeof(buf1)));

        printf("chaddr=%s\n",my_ether_ntoa_r(pa->chaddr,buf1));

        printf("sname=%s\n",pa->sname);

        printf("file=%s\n",pa->file);

        printf("options\n");

        ptr=pa->options;
        memcpy(cookie,ptr,4);
        ptr+=4;
        if(memcmp(cookie,DHCP_OPTIONS_COOKIE,4)!=0){
                printf("options:cookie:error\n");
                return(-1);
        }

        end=0;
        while(ptr<(u_int8_t *)pa+size){
                switch(*ptr){
                        case    0:
                                printf("0:pad\n");
                                ptr++;
                                break;
```

```c
                case    1:
                        printf("1:subnet mask:");
                        ptr++;
                        n=*ptr;
                        ptr++;
                        printf("%d:",n);
                        memcpy(&addr,ptr,4);
                        ptr+=4;
                        printf("%s¥n",inet_ntop(AF_INET,&addr,buf1, ↩
sizeof(buf1)));

                        break;

                // 省略

                case    61:
                        printf("61:client-identifier:");
                        ptr++;
                        n=*ptr;
                        ptr++;
                        printf("%d:",n);
                        for(i=0;i<n;i++){
                                if(i!=0){
                                        printf(":");
                                }
                                printf("%02X",(*ptr)&0xFF);
                                ptr++;
                        }
                        printf("¥n");
                        break;
                default:
                        if(*ptr>=128&&*ptr<=254){
                                printf("%d:reserved fields:",*ptr);
                                ptr++;
                                n=*ptr;
                                ptr++;
                                printf("%d:",n);
                                for(i=0;i<n;i++){
                                        if(i!=0){
                                                printf(":");
                                        }
                                        printf("%02X",(*ptr)&0xFF);
                                        ptr++;
                                }
```

3-8 ネットワークアドレスを動的に割り当ててもらう ～dhcp.h、dhcp.c

```c
                                        printf("¥n");
                                }
                                else{
                                        printf("%d:undefined:",*ptr);
                                        ptr++;
                                        n=*ptr;
                                        ptr++;
                                        printf("%d:",n);
                                        for(i=0;i<n;i++){
                                                if(i!=0){
                                                        printf(":");
                                                }
                                                printf("%02X",(*ptr)&0xFF);
                                                ptr++;
                                        }
                                        printf("¥n");
                                }
                                break;
                        }
                        if(end){
                                break;
                        }
                }

        return(0);
}
```

　DHCP パケットの情報を表示する関数です。オプションによってデータ形式が
異なるため、とても長い関数になっています。かなりの量で似た処理が続きますの
で、ここだけソース掲載を一部省略します。

■ DHCP のオプションの処理

dhcp.c つづき

```c
u_int8_t *dhcp_set_option(u_int8_t *ptr,int tag,int size,u_int8_t *buf)
{
        *ptr=(u_int8_t)tag;
        ptr++;
        if(size>255){
                size=255;
```

```
        }
        *ptr=(u_int8_t)size;
        ptr++;
        memcpy(ptr,buf,size);
        ptr+=size;

        return(ptr);
}
```

　DHCPのオプションをセットするための関数で、DHCPパケットを送信するためのデータを作成する際に使用します。

dhcp.c つづき

```
int dhcp_get_option(struct dhcp_packet *pa,int size,int opno,void *val)
{
u_int8_t        cookie[4];
u_int8_t        *ptr;
int     end,n;

        ptr=pa->options;
        memcpy(cookie,ptr,4);
        ptr+=4;
        if(memcmp(cookie,DHCP_OPTIONS_COOKIE,4)!=0){
                printf("analize_packet:options:cookie:error\n");
                return(-1);
        }

        end=0;
        while(ptr<(u_int8_t *)pa+size){
                if(*ptr==0){
                        ptr++;
                }
                else if(*ptr==255){
                        end=1;
                }
                else if(*ptr==opno){
                        ptr++;
                        n=*ptr;
                        ptr++;
                        memcpy(val,ptr,n);
                        ptr+=n;
```

```
                    end=1;
            }
            else{
                    ptr++;
                    n=*ptr;
                    ptr++;
                    ptr+=n;
            }
            if(end){
                    break;
            }
    }

    return(0);
}
```

　DHCPパケットから所定のオプションを得るための関数です。DHCPレスポンスから必要なオプションを得る際に使います。

■ DHCP リクエストデータを作成する

dhcp.c つづき

```
int MakeDhcpRequest(struct dhcp_packet *pa,u_int8_t mtype,struct in_addr 🔖
*ciaddr,struct in_addr *req_ip,struct in_addr *server)
{
u_int8_t        *ptr;
u_int8_t        buf[512];
int     size;
u_int32_t        l;

    memset(pa,0,sizeof(struct dhcp_packet));
    pa->op=BOOTREQUEST;
    pa->htype=HTYPE_ETHER;
    pa->hlen=6;
    pa->hops=0;
    pa->xid=htons(getpid()&0xFFFF);
    pa->secs=0;
    pa->flags=htons(0x8000);

    if(ciaddr==NULL){
            pa->ciaddr.s_addr=0;
```

```
        }
        else{
                pa->ciaddr.s_addr=ciaddr->s_addr;
        }
        pa->yiaddr.s_addr=0;
        pa->siaddr.s_addr=0;
        pa->giaddr.s_addr=0;
        memcpy(pa->chaddr,Param.vmac,6);
        strcpy(pa->sname,"");
        strcpy(pa->file,"");

        ptr=pa->options;
        memcpy(ptr,DHCP_OPTIONS_COOKIE,4);ptr+=4;

        buf[0]=mtype;
        ptr=dhcp_set_option(ptr,53,1,buf);

        l=htonl(Param.DhcpRequestLeaseTime);
        ptr=dhcp_set_option(ptr,51,4,(u_int8_t *)&l);

        if(req_ip!=NULL){
                ptr=dhcp_set_option(ptr,50,4,(u_int8_t *)&req_ip->s_addr);
        }

        if(server!=NULL){
                ptr=dhcp_set_option(ptr,54,4,(u_int8_t *)&server->s_addr);
        }

        buf[0]=1;
        buf[1]=3;
        ptr=dhcp_set_option(ptr,55,2,buf);

        ptr=dhcp_set_option(ptr,255,0,NULL);

        size=ptr-(u_int8_t *)pa;

        return(size);
}
```

DHCPリクエストデータを作成する関数です。

■ DHCP 各種送信処理

dhcp.c つづき

```
int DhcpSendDiscover(int soc)
{
int     size;
struct dhcp_packet      pa;
struct in_addr  saddr,daddr;

        saddr.s_addr=0;
        inet_aton("255.255.255.255",&daddr);

        size=MakeDhcpRequest(&pa,DHCPDISCOVER,NULL,NULL,NULL);

printf("--- DHCP ---{¥n"};
        UdpSendLink(soc,Param.vmac,BcastMac,&saddr,&daddr,DHCP_CLIENT_PORT, ☑
DHCP_SERVER_PORT,1,(u_int8_t *)&pa,size);
print_dhcp(&pa,size);
printf("}¥n");

        return(0);
}
```

DHCPDISCOVER を送信する関数です。

dhcp.c つづき

```
int DhcpSendRequest(int soc,struct in_addr *yiaddr,struct in_addr *server)
{
int     size;
struct dhcp_packet      pa;
struct in_addr  saddr,daddr;

        saddr.s_addr=0;
        inet_aton("255.255.255.255",&daddr);

        size=MakeDhcpRequest(&pa,DHCPREQUEST,NULL,yiaddr,server);

printf("--- DHCP ---{¥n"};
        UdpSendLink(soc,Param.vmac,BcastMac,&saddr,&daddr,DHCP_CLIENT_PORT, ☑
DHCP_SERVER_PORT,1,(u_int8_t *)&pa,size);
print_dhcp(&pa,size);
```

```
printf(")¥n");

        return(0);
}
```

DHCPREQUEST を送信する関数です。

dhcp.c つづき

```
int DhcpSendRequestUni(int soc)
{
int     size;
struct dhcp_packet      pa;

        size=MakeDhcpRequest(&pa,DHCPREQUEST,&Param.vip,&Param.vip, 🔲
&Param.DhcpServer);

printf("--- DHCP ---{¥n"};
        UdpSend(soc,&Param.vip,&Param.DhcpServer,DHCP_CLIENT_PORT, 🔲
DHCP_SERVER_PORT,1,(u_int8_t *)&pa,size);
print_dhcp(&pa,size);
printf("}¥n");

        return(0);
}
```

　ユニキャストで DHCPREQUEST を送信する関数です。リース延長で使用します。

dhcp.c つづき

```
int DhcpSendRelease(int soc)
{
int     size;
struct dhcp_packet      pa;

        size=MakeDhcpRequest(&pa,DHCPRELEASE,&Param.vip,NULL,&Param.DhcpServer);

printf("--- DHCP ---{¥n"};
        UdpSend(soc,&Param.vip,&Param.DhcpServer,DHCP_CLIENT_PORT, 🔲
DHCP_SERVER_PORT,1,(u_int8_t *)&pa,size);
```

3-8　ネットワークアドレスを動的に割り当ててもらう　〜dhcp.h、dhcp.c

```
print_dhcp(&pa,size);
printf("}¥n");


        return(0);
}
```

DHCPRELEASE を送信する関数です。

■受信した DHCP パケットを解析する

dhcp.c つづき

```
int DhcpRecv(int soc,u_int8_t *data,int len,struct ether_header *eh, ☑
struct ip *ip,struct udphdr *udp)
{
char    buf1[80];
struct dhcp_packet      *ppa;
struct in_addr  server;

        ppa=(struct dhcp_packet *)data;
        if(memcmp(ppa->chaddr,Param.vmac,6)!=0){
                return(-1);
        }
        if(ntohs(ppa->xid)!=(getpid()&0xFFFF)){
                printf("DhcpRecv:xid not match(%x:%x)¥n", ☑
ntohs(ppa->xid),getpid()&0xFFFF);
                return(-1);
        }

printf("--- recv ---[¥n");
print_ether_header(eh);
print_ip(ip);
print_udp(udp);
print_dhcp(ppa,len);
printf(")¥n");


        if(ppa->op==BOOTREPLY){
                u_int8_t        type;
                dhcp_get_option(ppa,len,53,&type);
                if(type==DHCPOFFER){
                        dhcp_get_option(ppa,len,54,&server.s_addr);
                        DhcpSendRequest(soc,&ppa->yiaddr,&server);
```

```
                }
                else if(type==DHCPACK){
                        Param.vip.s_addr=ppa->yiaddr.s_addr;
                        dhcp_get_option(ppa,len,54,&Param.DhcpServer.s_addr);
                        dhcp_get_option(ppa,len,1,&Param.vmask);
                        dhcp_get_option(ppa,len,3,&Param.gateway);
                        dhcp_get_option(ppa,len,51,&Param.DhcpLeaseTime);
                        Param.DhcpLeaseTime=ntohl(Param.DhcpLeaseTime);
                        Param.DhcpStartTime=time(NULL);
printf("vip=%s\n",inet_ntop(AF_INET,&Param.vip,buf1,sizeof(buf1)));
printf("vmask=%s\n",inet_ntop(AF_INET,&Param.vmask,buf1,sizeof(buf1)));
printf("gateway=%s\n",inet_ntop(AF_INET,&Param.gateway,buf1,sizeof(buf1)));
printf("DHCP server=%s\n",inet_ntop(AF_INET,&Param.DhcpServer,buf1, 🔁
sizeof(buf1)));
printf("DHCP start time=%s",ctime_r(&Param.DhcpStartTime,buf1));
printf("DHCP lease time=%d\n",Param.DhcpLeaseTime);
                }
                else if(type==DHCPNAK){
                        Param.vip.s_addr=0;
                        Param.vmask.s_addr=0;
                        Param.gateway.s_addr=0;
                        Param.DhcpServer.s_addr=0;
                        Param.DhcpStartTime=0;
                        Param.DhcpLeaseTime=0;
                        DhcpSendDiscover(soc);
                }
        }

        return(0);
}
```

　受信したパケットが UDP で DHCP_CLIENT_PORT 宛の場合に、この DHCP
受信処理関数が呼ばれます。BOOTREPLY で、DHCPOFFER と DHCPACK、
DHCPNAK に対する処理を行います。

　DHCPOFFER の場合には DHCPREQUEST を送信します。

　DHCPACK の場合にはオプションを調べてネットワーク設定に必要な値を取得
し、グローバル変数の Param に設定します。

　DHCPNAK の場合には DHCPDISCOVER 送信からやり直します。

dhcp.c つづき

```c
int DhcpCheck(int soc)
{
        if(time(NULL)-Param.DhcpStartTime>=Param.DhcpLeaseTime/2){
                Param.DhcpStartTime+=Param.DhcpLeaseTime/2;
                Param.DhcpLeaseTime/=2;
                if(DhcpSendRequestUni(soc)==-1){
printf("DhcpCheck:DhcpSendRequestUni:error\n");
                        Param.vip.s_addr=0;
                        Param.vmask.s_addr=0;
                        Param.gateway.s_addr=0;
                        Param.DhcpServer.s_addr=0;
                        Param.DhcpStartTime=0;
                        Param.DhcpLeaseTime=0;
                        DhcpSendDiscover(soc);
                }
        }
        if(time(NULL)-Param.DhcpStartTime>=Param.DhcpLeaseTime){
printf("DhcpCheck:lease timeout\n");
                Param.vip.s_addr=0;
                Param.vmask.s_addr=0;
                Param.gateway.s_addr=0;
                Param.DhcpServer.s_addr=0;
                Param.DhcpStartTime=0;
                Param.DhcpLeaseTime=0;
                DhcpSendDiscover(soc);
        }

        return(0);
}
```

　DHCP のリース延長のために定期的に実行される関数です。DHCP サーバから与えられたリース時間の半分を切った場合に DHCPREQUEST をユニキャストで送信し、リース延長要求を行います。完全にリース時間が切れた場合にはDHCPDISCOVER からやり直します。

3-9
仮想IPホストプログラムを
実行する

■ Makefile：make ファイル

Makefile

```
PROGRAM=MyEth
OBJS=main.o param.o sock.o ether.o arp.o ip.o icmp.o udp.o dhcp.o cmd.o
SRCS=$(OBJS:%.o=%.c)
CFLAGS=-Wall -g
LDFLAGS=-lpthread
$(PROGRAM):$(OBJS)
        $(CC) $(CFLAGS) $(LDFLAGS) -o $(PROGRAM) $(OBJS) $(LDLIBS)
```

　追加になった udp.o と dhcp.o を追記しておきます。

■ビルド

```
# make
cc -Wall -g   -c -o main.o main.c
cc -Wall -g   -c -o param.o param.c
cc -Wall -g   -c -o sock.o sock.c
cc -Wall -g   -c -o ether.o ether.c
cc -Wall -g   -c -o arp.o arp.c
cc -Wall -g   -c -o ip.o ip.c
cc -Wall -g   -c -o icmp.o icmp.c
cc -Wall -g   -c -o udp.o udp.c
cc -Wall -g   -c -o dhcp.o dhcp.c
cc -Wall -g   -c -o cmd.o cmd.c
cc -Wall -g -lpthread -o MyEth main.o param.o sock.o ether.o arp.o ip.o 🔽
icmp.o udp.o dhcp.o cmd.o
```

　make コマンドを実行すれば、Makefile に従って、コンパイルとリンクが行わ

れます。

■設定ファイルの準備

MyEth.ini

```
IP-TTL=64
MTU=1500
device=ens161
vmac=02:00:00:00:00:01
vip=0.0.0.0
vmask=0.0.0.0
gateway=0.0.0.0
DhcpRequestLeaseTime=600
```

vip、vmask、gateway を 0 にして DHCP を使用する設定にします。Dhcp
RequestLeaseTime は 600 秒にしてみます。

■実行

MyEth を単独で実行しても通信相手がいないと実験になりませんので、device
に指定したネットワークインターフェースと繋がっている他のネットワーク機器を準
備しましょう。今回の例では IP アドレスが 192.168.111.2 のマシンを設置し、そ
のマシンがゲートウェイになるようにしておきました。また、DHCP サーバも払い
出し可能な状態で準備しておきました。

図 3-3 実行するネットワークのイメージ

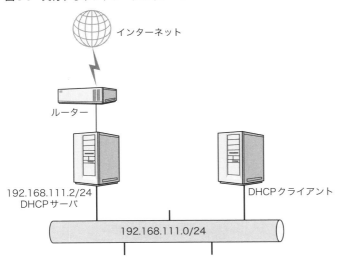

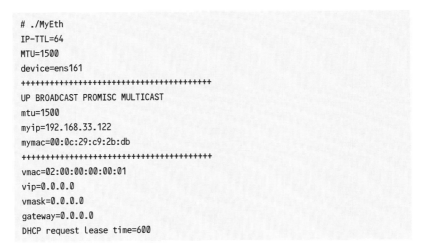

　MyEth を起動すると設定ファイルを読み込み、ネットワークインターフェースの情報が ++++ で囲われて表示され、さらに設定した MyEth のネットワーク情報が表示されます。このまま以下の出力が続きます。

```
--- DHCP ---{
```

3-9　仮想 IP ホストプログラムを実行する　173

```
=== UDP ===[
---ether_header---
ether_dhost=ff:ff:ff:ff:ff:ff
ether_shost=02:00:00:00:00:01
ether_type=800(IP)
ip-----------------------------------------------------------------------
ip_v=4,ip_hl=5,ip_tos=0,ip_len=283
ip_id=59037,ip_off=2,0
ip_ttl=64,ip_p=17(UDP),ip_sum=5335
ip_src=0.0.0.0
ip_dst=255.255.255.255
udp----------------------------------------------------------------------
source=68
dest=67
len=263
check=edb1
01 01 06 00 37 52 00 00 00 00 80 00 00 00 00 00    ....7R..........
00 00 00 00 00 00 00 00 00 00 00 00 02 00 00 00    ................
00 01 00 00 00 00 00 00 00 00 00 00 00 00 00 00    ................
00 00 00 00 00 00 00 00 00 00 00 00 00 00 00 00    ................
00 00 00 00 00 00 00 00 00 00 00 00 00 00 00 00    ................
00 00 00 00 00 00 00 00 00 00 00 00 00 00 00 00    ................
00 00 00 00 00 00 00 00 00 00 00 00 00 00 00 00    ................
00 00 00 00 00 00 00 00 00 00 00 00 00 00 00 00    ................
00 00 00 00 00 00 00 00 00 00 00 00 00 00 00 00    ................
00 00 00 00 00 00 00 00 00 00 00 00 00 00 00 00    ................
00 00 00 00 00 00 00 00 00 00 00 00 00 00 00 00    ................
00 00 00 00 00 00 00 00 00 00 00 00 00 00 00 00    ................
00 00 00 00 00 00 00 00 00 00 00 00 00 00 00 00    ................
00 00 00 00 00 00 00 00 00 00 00 00 00 00 00 00    ................
00 00 00 00 00 00 00 00 00 00 00 00 63 82 53 63    ............c.Sc
35 01 01 33 04 00 00 02 58 37 02 01 03 FF 00       5..3....X7.....
]
dhcp----------------------------------------------------------------------
op=1:BOOTREQUEST
htype=1:HTYPE_ETHER
hlen=6
hops=0
xid=21047
secs=0
flags=80
ciaddr=0.0.0.0
yiaddr=0.0.0.0
```

```
siaddr=0.0.0.0
giaddr=0.0.0.0
chaddr=02:00:00:00:00:01
sname=
file=
options
53:DHCP message type:1:1:DHCPDISCOVER
51:IP address lease time:4:600
55:parameter request list:2:1,3
255:end
}
--- recv ---[
---ether_header---
ether_dhost=ff:ff:ff:ff:ff:ff
ether_shost=00:0c:29:4a:e4:28
ether_type=800(IP)
ip-------------------------------------------------------------------------
ip_v=4,ip_hl=5,ip_tos=0,ip_len=328
ip_id=0,ip_off=0,0
ip_ttl=64,ip_p=17(UDP),ip_sum=49fb
ip_src=192.168.111.2
ip_dst=255.255.255.255
udp------------------------------------------------------------------------
source=67
dest=68
len=308
check=f45c
dhcp-----------------------------------------------------------------------
op=2:BOOTREPLY
htype=1:HTYPE_ETHER
hlen=6
hops=0
xid=21047
secs=0
flags=80
ciaddr=0.0.0.0
yiaddr=192.168.111.50
siaddr=0.0.0.0
giaddr=0.0.0.0
chaddr=02:00:00:00:00:01
sname=your server name
file=
options
```

```
53:DHCP message type:1:2:DHCPOFFER
54:server identifier:4:192.168.111.2
51:IP address lease time:4:600
1:subnet mask:4:255.255.255.0
3:router(gateway):4:192.168.111.2
255:end
]
--- DHCP ---{
=== UDP ===[
---ether_header---
ether_dhost=ff:ff:ff:ff:ff:ff
ether_shost=02:00:00:00:00:01
ether_type=800(IP)
ip--------------------------------------------------------------------------
ip_v=4,ip_hl=5,ip_tos=0,ip_len=295
ip_id=25185,ip_off=2,0
ip_ttl=64,ip_p=17(UDP),ip_sum=d765
ip_src=0.0.0.0
ip_dst=255.255.255.255
udp-------------------------------------------------------------------------
source=68
dest=67
len=275
check=5cd2
01 01 06 00 37 52 00 00 00 00 80 00 00 00 00 00    ....7R..........
00 00 00 00 00 00 00 00 00 00 00 00 02 00 00 00    ...............
00 01 00 00 00 00 00 00 00 00 00 00 00 00 00 00    ...............
00 00 00 00 00 00 00 00 00 00 00 00 00 00 00 00    ...............
00 00 00 00 00 00 00 00 00 00 00 00 00 00 00 00    ...............
00 00 00 00 00 00 00 00 00 00 00 00 00 00 00 00    ...............
00 00 00 00 00 00 00 00 00 00 00 00 00 00 00 00    ...............
00 00 00 00 00 00 00 00 00 00 00 00 00 00 00 00    ...............
00 00 00 00 00 00 00 00 00 00 00 00 00 00 00 00    ...............
00 00 00 00 00 00 00 00 00 00 00 00 00 00 00 00    ...............
00 00 00 00 00 00 00 00 00 00 00 00 00 00 00 00    ...............
00 00 00 00 00 00 00 00 00 00 00 00 00 00 00 00    ...............
00 00 00 00 00 00 00 00 00 00 00 00 00 00 00 00    ...............
00 00 00 00 00 00 00 00 00 00 00 00 00 00 00 00    ...............
00 00 00 00 00 00 00 00 00 00 00 00 63 82 53 63    ............c.Sc
35 01 03 33 04 00 00 02 58 32 04 C0 A8 6F 32 36    5..3....X2...o26
04 C0 A8 6F 02 37 02 01 03 FF 00                   ...o.7.....
]
dhcp-----------------------------------------------------------------------
```

```
op=1:BOOTREQUEST
htype=1:HTYPE_ETHER
hlen=6
hops=0
xid=21047
secs=0
flags=80
ciaddr=0.0.0.0
yiaddr=0.0.0.0
siaddr=0.0.0.0
giaddr=0.0.0.0
chaddr=02:00:00:00:00:01
sname=
file=
options
53:DHCP message type:1:3:DHCPREQUEST
51:IP address lease time:4:600
50:requested IP address:4:192.168.111.50
54:server identifier:4:192.168.111.2
55:parameter request list:2:1,3
255:end
}
--- recv ---[
---ether_header---
ether_dhost=ff:ff:ff:ff:ff:ff
ether_shost=00:0c:29:4a:e4:28
ether_type=800(IP)
ip----------------------------------------------------------------------------
ip_v=4,ip_hl=5,ip_tos=0,ip_len=328
ip_id=0,ip_off=0,0
ip_ttl=64,ip_p=17(UDP),ip_sum=49fb
ip_src=192.168.111.2
ip_dst=255.255.255.255
udp---------------------------------------------------------------------------
source=67
dest=68
len=308
check=f15c
dhcp--------------------------------------------------------------------------
op=2:BOOTREPLY
htype=1:HTYPE_ETHER
hlen=6
hops=0
```

3-9　仮想 IP ホストプログラムを実行する　　177

```
xid=21047
secs=0
flags=80
ciaddr=0.0.0.0
yiaddr=192.168.111.50
siaddr=0.0.0.0
giaddr=0.0.0.0
chaddr=02:00:00:00:00:01
sname=your server name
file=
options
53:DHCP message type:1:5:DHCPACK
54:server identifier:4:192.168.111.2
51:IP address lease time:4:600
1:subnet mask:4:255.255.255.0
3:router(gateway):4:192.168.111.2
255:end
]
vip=192.168.111.50
vmask=255.255.255.0
gateway=192.168.111.2
DHCP server=192.168.111.2
DHCP start time=Wed Nov  1 14:31:20 2017
DHCP lease time=600
```

　　DHCPDISCOVER → DHCPOFFER → DHCPREQUEST → DHCPACK の
DHCP トランザクションを経て vip、vmask、gateway がセットされ、続いて
DHCP サーバ ID、DHCP のリース開始時刻、リース時間がセットされます。

```
=== ARP ===[
---ether_header---
ether_dhost=ff:ff:ff:ff:ff:ff
ether_shost=02:00:00:00:00:01
ether_type=806(Address resolution)
---ether_arp---
arp_hrd=1(Ethernet 10/100Mbps.),arp_pro=2048(IP)
arp_hln=6,arp_pln=4,arp_op=1(ARP request.)
arp_sha=02:00:00:00:00:01
arp_spa=0.0.0.0
arp_tha=00:00:00:00:00:00
arp_tpa=192.168.111.50
```

```
]
=== ARP ===[
---ether_header---
ether_dhost=ff:ff:ff:ff:ff:ff
ether_shost=02:00:00:00:00:01
ether_type=806(Address resolution)
---ether_arp---
arp_hrd=1(Ethernet 10/100Mbps.),arp_pro=2048(IP)
arp_hln=6,arp_pln=4,arp_op=1(ARP request.)
arp_sha=02:00:00:00:00:01
arp_spa=0.0.0.0
arp_tha=00:00:00:00:00:00
arp_tpa=192.168.111.50
]
=== ARP ===[
---ether_header---
ether_dhost=ff:ff:ff:ff:ff:ff
ether_shost=02:00:00:00:00:01
ether_type=806(Address resolution)
---ether_arp---
arp_hrd=1(Ethernet 10/100Mbps.),arp_pro=2048(IP)
arp_hln=6,arp_pln=4,arp_op=1(ARP request.)
arp_sha=02:00:00:00:00:01
arp_spa=0.0.0.0
arp_tha=00:00:00:00:00:00
arp_tpa=192.168.111.50
]
=== ARP ===[
---ether_header---
ether_dhost=ff:ff:ff:ff:ff:ff
ether_shost=02:00:00:00:00:01
ether_type=806(Address resolution)
---ether_arp---
arp_hrd=1(Ethernet 10/100Mbps.),arp_pro=2048(IP)
arp_hln=6,arp_pln=4,arp_op=1(ARP request.)
arp_sha=02:00:00:00:00:01
arp_spa=0.0.0.0
arp_tha=00:00:00:00:00:00
arp_tpa=192.168.111.50
]
```

ArpCheckGArp() により、MyEth が使おうとしている 192.168.111.100 が

3-9　仮想 IP ホストプログラムを実行する　　179

存在しないことを確認しています。RETRY_COUNTの３回を超えて（つまり４回）
無応答でしたので、存在しないと判断しています。

```
--- recv ---[
---ether_header---
ether_dhost=02:00:00:00:00:01
ether_shost=00:0c:29:4a:e4:28
ether_type=806(Address resolution)
---ether_arp---
arp_hrd=1(Ethernet 10/100Mbps.),arp_pro=2048(IP)
arp_hln=6,arp_pln=4,arp_op=1(ARP request.)
arp_sha=00:0c:29:4a:e4:28
arp_spa=192.168.111.2
arp_tha=00:00:00:00:00:00
arp_tpa=192.168.111.50
]
=== ARP ===[
---ether_header---
ether_dhost=00:0c:29:4a:e4:28
ether_shost=02:00:00:00:00:01
ether_type=806(Address resolution)
---ether_arp---
arp_hrd=1(Ethernet 10/100Mbps.),arp_pro=2048(IP)
arp_hln=6,arp_pln=4,arp_op=2(ARP reply.)
arp_sha=02:00:00:00:00:01
arp_spa=192.168.111.50
arp_tha=00:0c:29:4a:e4:28
arp_tpa=192.168.111.2
```

　テスト環境の相手側のホストからARPリクエストを受信し、応答しています。
DHCPで払い出す際にICMPチェックを行っていて、そこでARP解決を実行した
ものが届いたのでしょう。
　ここで何も入力せずに Enter を押すと、

```
DoCmd:no cmd
--------------------------------------
arp -a : show arp table
arp -d addr : del arp table
ping addr [size] : send ping
ifconfig : show interface configuration
```

```
netstat : show active ports
udp open port : open udp-recv port
udp close port : close udp-recv port
udp send sport daddr:dport data : send udp
end : end program
----------------------------------------
```

このようにコマンドの説明が表示されます。ifconfig コマンドを実行してみましょう。

```
ifconfig
device=ens161
vmac=02:00:00:00:00:01
vip=192.168.111.50
vmask=255.255.255.0
gateway=192.168.111.2
DHCP request lease time=600
DHCP server=192.168.111.2
DHCP start time:Wed Nov  1 14:35:17 2017
DHCP lease time:600
IpTTL=64,MTU=1500
```

MyEth の設定値が表示されます。

続いて、arp -a で ARP テーブルの表示をしてみると、

```
arp -a
(192.168.111.2) at 00:0c:29:4a:e4:28
```

先ほど ARP リクエストが届いて応答した際に 192.168.111.2 の ARP テーブル
ができています。ここで、192.168.111.2 宛に ping を実行してみましょう。

```
ping 192.168.111.2
=== ICMP echo ===[
---ether_header---
ether_dhost=00:0c:29:4a:e4:28
ether_shost=02:00:00:00:00:01
ether_type=800(IP)
ip---------------------------------------------------------------------------
ip_v=4,ip_hl=5,ip_tos=0,ip_len=84
```

3-9 仮想 IP ホストプログラムを実行する   181

```
ip_id=52642,ip_off=0,0
ip_ttl=64,ip_p=1(ICMP),ip_sum=4d81
ip_src=192.168.111.50
ip_dst=192.168.111.2
icmp------------------------------------
icmp_type=8(Echo Request),icmp_code=0,icmp_cksum=51528
icmp_id=14243,icmp_seq=1
icmp------------------------------------
]
--- recv ---[
---ether_header---
ether_dhost=02:00:00:00:00:01
ether_shost=00:0c:29:4a:e4:28
ether_type=800(IP)
ip-------------------------------------------------------------------
ip_v=4,ip_hl=5,ip_tos=0,ip_len=84
ip_id=58361,ip_off=0,0
ip_ttl=64,ip_p=1(ICMP),ip_sum=372a
ip_src=192.168.111.2
ip_dst=192.168.111.50
icmp------------------------------------
icmp_type=0(Echo Reply),icmp_code=0,icmp_cksum=53576
icmp_id=14243,icmp_seq=1
icmp------------------------------------
]
84 bytes from 192.168.111.2: icmp_seq=1 ttl=64 time=0.331 ms
. . .
=== ICMP echo ===[
---ether_header---
ether_dhost=00:0c:29:4a:e4:28
ether_shost=02:00:00:00:00:01
ether_type=800(IP)
ip-------------------------------------------------------------------
ip_v=4,ip_hl=5,ip_tos=0,ip_len=84
ip_id=47030,ip_off=0,0
ip_ttl=64,ip_p=1(ICMP),ip_sum=636d
ip_src=192.168.111.50
ip_dst=192.168.111.2
icmp------------------------------------
icmp_type=8(Echo Request),icmp_code=0,icmp_cksum=51525
icmp_id=14243,icmp_seq=4
icmp------------------------------------
]
```

```
--- recv ---[
---ether_header---
ether_dhost=02:00:00:00:00:01
ether_shost=00:0c:29:4a:e4:28
ether_type=800(IP)
ip----------------------------------------------------------------------
ip_v=4,ip_hl=5,ip_tos=0,ip_len=84
ip_id=58364,ip_off=0,0
ip_ttl=64,ip_p=1(ICMP),ip_sum=3727
ip_src=192.168.111.2
ip_dst=192.168.111.50
icmp----------------------------------
icmp_type=0(Echo Reply),icmp_code=0,icmp_cksum=53573
icmp_id=14243,icmp_seq=4
icmp----------------------------------
]
84 bytes from 192.168.111.2: icmp_seq=4 ttl=64 time=0.337 ms
```

　宛先の MAC アドレスがわかりましたので、ICMP エコー要求を宛先の MAC ア
ドレス宛に送信し、相手から ICMP エコー応答が返答され、ping コマンド同様に
RTT を表示しています。

　出力を省略しましたが、同様に PING_SEND_NO 定義回数（つまり 4 回）繰
り返します。

　なお、相手側の OS によりますが、このやりとりのあとに相手側から ARP で
MyEth を調べに来るやりとりが続きました。

```
--- recv ---[
---ether_header---
ether_dhost=02:00:00:00:00:01
ether_shost=00:0c:29:4a:e4:28
ether_type=806(Address resolution)
---ether_arp---
arp_hrd=1(Ethernet 10/100Mbps.),arp_pro=2048(IP)
arp_hln=6,arp_pln=4,arp_op=1(ARP request.)
arp_sha=00:0c:29:4a:e4:28
arp_spa=192.168.111.2
arp_tha=00:00:00:00:00:00
arp_tpa=192.168.111.50
]
```

3-9　仮想 IP ホストプログラムを実行する　　183

```
=== ARP ===[
---ether_header---
ether_dhost=00:0c:29:4a:e4:28
ether_shost=02:00:00:00:00:01
ether_type=806(Address resolution)
---ether_arp---
arp_hrd=1(Ethernet 10/100Mbps.),arp_pro=2048(IP)
arp_hln=6,arp_pln=4,arp_op=2(ARP reply.)
arp_sha=02:00:00:00:00:01
arp_spa=192.168.111.50
arp_tha=00:0c:29:4a:e4:28
arp_tpa=192.168.111.2
]
```

相手側から ARP 要求が届き、ARP レスポンスを返しています。

続いて、8.8.8.8 宛に ping を実行してみましょう。テスト環境では
192.168.111.2 がゲートウェイとして他のセグメントとの仲介をしてくれるように
なっています。

```
ping 8.8.8.8
=== ICMP echo ===[
---ether_header---
ether_dhost=00:0c:29:4a:e4:28
ether_shost=02:00:00:00:00:01
ether_type=800(IP)
ip-------------------------------------------------------------------------
ip_v=4,ip_hl=5,ip_tos=0,ip_len=84
ip_id=31118,ip_off=0,0
ip_ttl=64,ip_p=1(ICMP),ip_sum=c130
ip_src=192.168.111.50
ip_dst=8.8.8.8
icmp------------------------------------
icmp_type=8(Echo Request),icmp_code=0,icmp_cksum=51528
icmp_id=14243,icmp_seq=1
icmp------------------------------------
]
--- recv ---[
---ether_header---
ether_dhost=02:00:00:00:00:01
ether_shost=00:0c:29:4a:e4:28
```

```
ether_type=800(IP)
ip-------------------------------------------------------------------------------
ip_v=4,ip_hl=5,ip_tos=0,ip_len=84
ip_id=62934,ip_off=0,0
ip_ttl=57,ip_p=1(ICMP),ip_sum=4be8
ip_src=8.8.8.8
ip_dst=192.168.111.50
icmp--------------------------------------
icmp_type=0(Echo Reply),icmp_code=0,icmp_cksum=53576
icmp_id=14243,icmp_seq=1
icmp--------------------------------------
]
84 bytes from 8.8.8.8: icmp_seq=1 ttl=57 time=0.7820 ms
・・・
84 bytes from 8.8.8.8: icmp_seq=2 ttl=57 time=0.4712 ms
・・・
84 bytes from 8.8.8.8: icmp_seq=3 ttl=57 time=0.4506 ms
・・・
84 bytes from 8.8.8.8: icmp_seq=4 ttl=57 time=0.4791 ms
```

　宛先 MAC アドレスが 192.168.111.2 のものになっていますので、ゲートウェイ宛です。応答もゲートウェイの MAC アドレスから返ってきています。また、応答の IP ヘッダ ip_ttl が 57 と、64 から減って返ってきており、ルーターを経由した数がわかります。

　IP-TTL パラメータを 1 にした実験や、他の端末側からの ping なども第一段階と同様に行ってみてください。

```
udp send 20000 192.168.111.2:10000 test1
=== UDP ===[
---ether_header---
ether_dhost=00:0c:29:4a:e4:28
ether_shost=02:00:00:00:00:01
ether_type=800(IP)
ip-------------------------------------------------------------------------------
ip_v=4,ip_hl=5,ip_tos=0,ip_len=33
ip_id=50124,ip_off=0,0
ip_ttl=64,ip_p=17(UDP),ip_sum=577a
ip_src=192.168.111.50
ip_dst=192.168.111.2
```

```
udp------------------------------------------------------------------
source=20000
dest=10000
len=13
check=1244
74 65 73 74 31                                        test1
]
```

　10,000 番ポートの UDP を受信するプログラムを 192.168.111.2 で起動して
から、udp send コマンドで UDP パケットを送信してみます。相手側で 5 バイト
の受信が確認できるはずです。

```
udp send 20000 192.168.111.2:1000 test1
=== UDP ===[
---ether_header---
ether_dhost=00:0c:29:4a:e4:28
ether_shost=02:00:00:00:00:01
ether_type=800(IP)
ip------------------------------------------------------------------
ip_v=4,ip_hl=5,ip_tos=0,ip_len=33
ip_id=56,ip_off=0,0
ip_ttl=64,ip_p=17(UDP),ip_sum=1b0f
ip_src=192.168.111.50
ip_dst=192.168.111.2
udp------------------------------------------------------------------
source=20000
dest=1000
len=13
check=356c
74 65 73 74 31                                        test1
]
--- recv ---[
---ether_header---
ether_dhost=02:00:00:00:00:01
ether_shost=00:0c:29:4a:e4:28
ether_type=800(IP)
ip------------------------------------------------------------------
ip_v=4,ip_hl=5,ip_tos=c0,ip_len=61
ip_id=58358,ip_off=0,0
ip_ttl=64,ip_p=1(ICMP),ip_sum=3684
ip_src=192.168.111.2
```

```
ip_dst=192.168.111.50
icmp-----------------------------------
icmp_type=3(Destination Unreachable),icmp_code=3,icmp_cksum=23713
icmp-----------------------------------
]
```

待ち受けしていないポート番号当てに UDP パケットを送信すると、ICMP
Destination Unreachable が返ります。

```
udp open 20000
DoCmdUdp:no=0
netstat
-----------------------------
proto:no:port=data
-----------------------------
UDP:0:20000
```

udp open コマンドで UDP の受信ポートを指定します。ここでは 20,000 番ポー
トを待ち受けます。netstat コマンドで確認すると、UDP のテーブル 0 番に
20,000 番で待ち受ける状態になったと表示されます。待ち受けは udp.c に定義
してある UDP_TABLE_NO：16 個まで同時に可能です。

```
--- recv ---[
---ether_header---
ether_dhost=02:00:00:00:00:01
ether_shost=00:0c:29:4a:e4:28
ether_type=800(IP)
ip-----------------------------------------------------------------------
ip_v=4,ip_hl=5,ip_tos=0,ip_len=49
ip_id=58360,ip_off=0,0
ip_ttl=64,ip_p=17(UDP),ip_sum=373e
ip_src=192.168.111.2
ip_dst=192.168.111.50
udp-----------------------------------------------------------------------
source=39899
dest=20000
len=29
check=ad44
31 39 32 2E 31 36 38 2E 31 31 31 2E 35 30 3A 32    192.168.111.50:2
```

3-9　仮想 IP ホストプログラムを実行する　187

```
30 30 30 30 0A                              0000.
]
```

　相手側のホストから UDP パケットを 20,000 番ポート宛に送信すると、受信内
容が表示されます。

```
udp close 20000
DoCmdUdp:ret=0
netstat
-----------------------------
proto:no:port=data
-----------------------------
```

　udp close コマンドで 20,000 番ポートの待ち受けを終了します。netstat コマ
ンドで何も表示されなくなります。
　MyEth を終了させるには、end を入力するか、Ctrl + C で終了させます。

```
end
ending
--- DHCP ---{
=== UDP ===[
---ether_header---
ether_dhost=00:0c:29:4a:e4:28
ether_shost=02:00:00:00:00:01
ether_type=800(IP)
ip------------------------------------------------------------------
ip_v=4,ip_hl=5,ip_tos=0,ip_len=289
ip_id=29162,ip_off=2,0
ip_ttl=64,ip_p=17(UDP),ip_sum=685c
ip_src=192.168.111.50
ip_dst=192.168.111.2
udp------------------------------------------------------------------
source=68
dest=67
len=269
check=a7f4
01 01 06 00 38 3C 00 00 00 00 80 00 C0 A8 6F 32    ....8<........o2
00 00 00 00 00 00 00 00 00 00 00 00 00 02 00 00 00    ................
00 01 00 00 00 00 00 00 00 00 00 00 00 00 00 00 00    ................
```

188　第 3 章　UDP 通信に対応させ、DHCP クライアント機能を実装しよう　～仮想 IP ホストプログラム：第二段階

```
00 00 00 00 00 00 00 00 00 00 00 00 00 00 00 00    ................
00 00 00 00 00 00 00 00 00 00 00 00 00 00 00 00    ................
00 00 00 00 00 00 00 00 00 00 00 00 00 00 00 00    ................
00 00 00 00 00 00 00 00 00 00 00 00 00 00 00 00    ................
00 00 00 00 00 00 00 00 00 00 00 00 00 00 00 00    ................
00 00 00 00 00 00 00 00 00 00 00 00 00 00 00 00    ................
00 00 00 00 00 00 00 00 00 00 00 00 00 00 00 00    ................
00 00 00 00 00 00 00 00 00 00 00 00 00 00 00 00    ................
00 00 00 00 00 00 00 00 00 00 00 00 00 00 00 00    ................
00 00 00 00 00 00 00 00 00 00 00 00 00 00 00 00    ................
00 00 00 00 00 00 00 00 00 00 00 00 63 82 53 63    ............c.Sc
35 01 07 33 04 00 00 02 58 36 04 C0 A8 6F 02 37    5..3....X6...o.7
02 01 03 FF 00                                     .....
]
dhcp--------------------------------------------------------------------------
op=1:BOOTREQUEST
htype=1:HTYPE_ETHER
hlen=6
hops=0
xid=15416
secs=0
flags=80
ciaddr=192.168.111.50
yiaddr=0.0.0.0
siaddr=0.0.0.0
giaddr=0.0.0.0
chaddr=02:00:00:00:00:01
sname=
file=
options
53:DHCP message type:1:7:DHCPRELEASE
51:IP address lease time:4:600
54:server identifier:4:192.168.111.2
55:parameter request list:2:1,3
255:end
}
```

　第一段階と異なり、終了前に DHCPRELEASE を送信して、リース開放をしています。

3-10
まとめ

　UDP の対応を追加することはとても簡単だったと思います。UDP 送信時は UDP のプロトコルに従ったパケットを送出するだけですし、UDP 受信時は、受け取りたいポート番号宛のパケットが届いたら処理すれば良いだけです。次章で対応する TCP とは大違いです。

　UDP 送受信だけでは物足りませんので、今回は UDP の実例として DHCP にも対応してみました。DHCP はプロトコルとしては UDP ですが、IP アドレスを持つ前に使う必要があり、ブロードキャストでの送信と、MAC アドレス宛での受信を行うという点で少し特殊です。そのあたりもよく観察してみると良いでしょう。

第4章

TCP機能の基本機能を追加しよう

～仮想IPホストプログラム：第三段階

4-1
仮想IPホストの第三目標

　第一段階で ARP と ICMP の対応を行える仮想 IP ホストプログラムを作成しました。第二段階ではさらに UDP の通信に対応しました。いよいよ第三段階では TCP に対応してみます。TCP では接続しに行くパターンと、接続を受け付けるパターンがありますので、その両方に対応します。ただし、TCP 全体では輻輳制御やウインドウスケーリングなど非常に多くの機能があり、それを全て実装しようとするとソースコードの規模がかなり大きくなってしまいますし、複雑になります。そこで、TCP の基本を体験するために必要最低限の機能に限定し、ソースコードも読みやすさ優先で作ります。

　　・ポート番号を指定し、他からの TCP 接続を受け付ける
　　・自分から他の IP ホストに TCP 接続ができる
　　・TCP 接続を確立した状態で送受信ができる
　　・TCP で大きなサイズのデータを送受信し、TCP フラグメントの様子を観察する
　　・TCP 接続を切断する

■ **実現する機能**

　　・宛先 IP アドレスとポート番号を指定して TCP 接続を確立する
　　・待ち受けるポート番号を指定し、TCP 接続を受け付け、接続を確立する※
　　・確立した TCP 接続でデータを送信する。受信したデータを表示する
　　・確立した TCP 接続を切断する

※ TCP では 1 つのポート番号で複数の接続を受け付けられますが、このサンプルでは構造のシンプル化のため、1 つのポート番号で 1 つの接続のみを受け付けられるようにしています。

192　第 4 章　TCP 機能の基本機能を追加しよう　～仮想 IP ホストプログラム：第三段階

図 4-1　第三段階でのパケットの流れ

他ホスト デフォルト ゲートウェイ		ネットワーク デバイス	←PF_PACKET→	MyEth{vmac,vip,vmask,gateway}	
	← SYN		←		
	SYN+ACK →		→		
	← ACK		←		
	SYN →		→		
	← SYN+ACK		←		
	ACK →		→		
	←データ		←		
	ACK →		→		
	データ→		→		
	← ACK		←		
	← FIN		←		
	FIN+ACK →		→		
	← ACK		←		
	FIN →		→		
	← FIN+ACK		←		
	ACK →		→		

※ ARP のやりとりは省略

■設定ファイル

MSS を追加します。

デフォルト：./MyEth.ini
起動時の引数で指定することも可能

- IP-TTL の行は IP ヘッダの TTL を指定できる。デフォルトは 64
- MTU：IP パケットの MTU。デフォルトは 1500
- **MSS：TCP パケットのメッセージサイズ。デフォルトは 1460**
- device：対象ネットワークデバイス
- vmac の行は仮想 MAC アドレスを指定する。物理 MAC アドレスと異なるものを指定する場合にはきちんと理解して使うこと

・vip の行は仮想 IP アドレスを指定する。全て 0 を指定すると DHCP で取得
する
・vmask の行は仮想 IP アドレスを指定する。DHCP の場合は全て 0 を指定し
ておく
・gateway の行はデフォルトゲートウェイの IP アドレスを指定する。DHCP の
場合は全て 0 を指定しておく
・DhcpRequestLeaseTime の行は DHCP サーバに要求するリース時間を秒
で指定する

```
IP-TTL=64
MTU=1500
MSS=1460
device=ens161
vip=0.0.0.0
vmask=0.0.0.0
gateway=0.0.0.0
DhcpRequestLeaseTime=30
```

■スレッド構成

スレッド構成は第二段階と同じです。受信スレッドと標準入力スレッドに TCP の
処理を加えます。
太字の部分が追加になった部分です。

図 4-2　第三段階でのスレッド構成

```
main()：メインスレッド
    └── DhcpCheck()：DHCPチェック処理

MyEthThread()：受信スレッド
    └── DeviceSoc から受信
            └── EtherRecv()：イーサフレーム受信処理
                    ├── ArpRecv()：ARP パケット受信処理
                    │       ├── ArpAddTable()：ARP テーブルに格納
                    │       └── ArpSend()：ARP パケット送信
                    └── IpRecv()：IP パケット受信処理
                            ├── IcmpRecv()：ICMP パケット受信処理
                            ├── UdpRecv()：UDP パケット受信処理
                            └── TcpRecv()：TCP パケット受信処理

StdInThread()：標準入力スレッド
    └── stdin から読込
            └── DoCmd()：コマンド処理
                    ├── DoCmdArp()：ARP コマンド処理
                    ├── DoCmdPing()：ping コマンド処理
                    ├── DoCmdIfconfig()：ifconfig コマンド処理
                    ├── DoCmdNetstat()：ネットワーク状態表示コマンド処理
                    ├── DoCmdUdp()：UDP コマンド処理
                    ├── DoCmdTcp()：TCP コマンド処理
                    └── DoCmdEnd()：終了コマンド処理
```

■関数構成

太字の部分が追加になった部分です。

---

main()：メイン関数

    SetDefaultParam()：デフォルトパラメータのセット

    ReadParam()：パラメータの読み込み

    IpRecvBufInit()：IP 受信バッファ初期化

    init_socket()：ソケット初期化

4-1　仮想 IP ホストの第三目標　　195

show_ifreq()：インターフェース情報の表示
　GetMacAddress()：MAC アドレス調査
sig_term()：終了関連シグナルハンドラ
MyEthThread()：送受信スレッド
　EtherRecv()：イーサネットフレーム受信処理
　　ArpRecv()：ARP パケット受信処理
　　　isTargetIPAddr()：ターゲット IP アドレスの判定
　　　ArpAddTable()：ARP テーブルへの追加
　　　ArpSend()：ARP パケットの送信
　　　　EtherSend()：イーサネットフレーム送信
　　IpRecv()：IP パケット受信処理
　　　IpRecvBufAdd()：IP 受信バッファへの追加
　　　IcmpRecv()：ICMP パケット受信処理
　　　　isTargetIPAddr()
　　　　IcmpSendEchoReply()：ICMP エコーリプライパケットの
　　　　　　　　　　　　　　　　送信
　　　　　IpSend()：IP パケットの送信
　　　　　　GetTargetMac()：宛先 MAC アドレス取得
　　　　　　　isSameSubnet()：同一サブネット判定
　　　　　　　ArpSearchTable()：ARP テーブルの検索
　　　　　　　ArpSendRequestGratuitous()：GARP パケッ
　　　　　　　　　　　　　　　　　　　　　トの送信
　　　　　　　　ArpSend()
　　　　　　　ArpSendRequest()：ARP リクエストパケットの
　　　　　　　　　　　　　　　　　送信
　　　　　　　　ArpSend()
　　　　　　　DummyWait()：少し待つ
　　　　　　IpSendLink()：IP パケットをリンクレイヤーで送信
　　　　　　　EtherSend()
　　　　PingCheckReply()：ping 応答のチェック
　　　UdpRecv()：UDP 受信処理

196　　第 4 章　TCP 機能の基本機能を追加しよう　〜仮想 IP ホストプログラム：第三段階

UdpChecksum()：UDP チェックサム計算

DhcpRecv()：DHCP 受信処理

  dhcp_get_option()：DHCP オプション取得

  DhcpSendRequest()：DHCPREQUEST 送信

    MakeDhcpRequest()：DHCP リクエスト作成

      dhcp_set_option()：DHCP オプション格納

    UdpSendLink()：UDP 送信

      UdpChecksum()

      IpSendLink()

  DhcpSendDiscover()：DHCPDISCOVER 送信

    MakeDhcpRequest()

    UdpSendLink()

UdpSearchTable()：UDP テーブル検索

IcmpSendDestinationUnreachable()

        ：ICMP Distination Unreachable 送信

IpSend()

TcpRecv()：TCP 受信処理

  TcpChecksum()：TCP チェックサム計算

  TcpSearchTable()：TCP テーブル検索

  TcpSocketClose()：TCP ソケットクローズ

    TcpSearchTable()

  TcpSendAck()：TCP ACK 送信

    TcpChecksum()

    IpSend()

  TcpSendSyn()：TCP SYN 送信

    TcpChecksum()

    IpSend()

  TcpSendFin()：TCP FIN 送信

    TcpChecksum()

    IpSend()

  TcpStatusStr()：TCP 状態文字列

TcpSendRstDirect()：TCP RST 送信

TcpChecksum()

IpSend()

IpRecvBufDel()：IP 受信バッファの削除

StdInThread()：標準入力スレッド

DoCmd()：コマンド処理

DoCmdArp()：ARP コマンド処理

ArpShowTable()：ARP テーブルの表示

ArpDelTable()：ARP テーブルの削除

DoCmdPing()：ping コマンド処理

PingSend()：ping 送信

IcmpSendEcho()：ICMP エコーリクエストの送信

IpSend()

DoCmdIfconfig()：ifconfig コマンド処理

DoCmdNetstat()：ネットワーク状態表示コマンド処理

UdpShowTable()：UDP テーブル表示

TcpShowTable()：TCP テーブル表示

TcpStatusStr()

DoCmdUdp()：UDP コマンド処理

UdpSocket()：UDP ソケット作成

UdpSearchFreePort()：UDP 空きポート検索

UdpSearchTable()

UdpAddTable()：UDP テーブルに追加

UdpSocketClose()：UDP ソケットクローズ

UdpSearchTable()

MakeString()：文字列データ作成

UdpSend()：UDP 送信処理

UdpChecksum()

DoCmdTcp()：TCP コマンド処理

TcpSocketListen()：TCP 接続受け付けソケット作成

TcpSearchFreePort()

198　　第 4 章　TCP 機能の基本機能を追加しよう　〜仮想 IP ホストプログラム：第三段階

```
            TcpSearchTable()
          TcpAddTable()：TCP テーブルに追加
        TcpClose()：TCP クローズ処理
          TcpSearchTable()
          TcpSendFin()
          DummyWait()
          TcpStatusStr()
          TcpSocketClose()：TCP ソケットクローズ
            TcpSearchTable()
        TcpReset()：TCP リセット処理
          TcpSearchTable()
          TcpSendRst()
          TcpSocketClose()
        TcpConnect()：TCP 接続処理
          TcpAddTable()
          TcpSendSyn()
          DummyWait()
          TcpStatusStr()
          TcpSocketClose()
        MakeString()
        TcpSend()：TCP 送信処理
          TcpSearchTable()
          TcpSendData()：TCP データ送信
            TcpSearchTable()
            TcpChecksum()
            IpSend()
          DummyWait()
      DoCmdEnd()：終了コマンド処理
  DhcpSendDiscover()
  ArpCheckGArp()：GARP での IP 重複チェック
    GetTargetMac()
```

4-1 仮想 IP ホストの第三目標 199

```
    DhcpCheck()：DHCP チェック処理
        DhcpSendRequestUni()：DHCPREQUEST ユニキャスト送信
            MakeDhcpRequest()
            UdpSend()
        DhcpSendDiscover()
    ending()：終了処理
        TcpAllSocketClose()：TCP 全ソケットクローズ
            TcpClose()
        DhcpSendRelease()：DHCPRELEASE 送信
            MakeDhcpRequest()
            UdpSend()


my_ether_aton()：MAC アドレスの文字列からバイナリへの変換
my_ether_ntoa_r()：MAC アドレスのバイナリから文字列への変換
my_arp_ip_ntoa_r()：ARP 用 IP アドレスのバイナリから文字列への変換


print_ether_header()：イーサネットフレームの表示
print_ether_arp()：ARP パケットの表示
print_ip()：IP パケットの表示
print_icmp()：ICMP パケットの表示
print_udp()：UDP パケットの表示
print_dhcp()：DHCP パケットの表示
print_hex()：16 進ダンプの表示
print_tcp()：TCP パケットの表示
print_tcp_optpad()：TCP ヘッダのオプション・パディングの表示


checksum()：チェックサム計算
checksum2()：2 データ用チェックサム計算
```

■ソースファイル構成

太字の部分が追加になった部分です。TCP 関連ソースが追加になっています。

main.c：メイン処理関連
param.c、param.h：パラメータ読み込み関連
sock.c、sock.h：チェックサムなどユーティリティ関数関連
ether.c、ether.h：イーサ関連
arp.c、arp.h：ARP 関連
ip.c、ip.h：IP 関連
icmp.c、icmp.h：ICMP 関連
udp.c、udp.h：UDP 関連
tcp.c、tcp.h：TCP 関連
dhcp.c、dhcp.h：DHCP 関連
cmd.c、cmd.h：コマンド処理関連
Makefile：make ファイル

なお、ユーティリティ関数関連の sock.c と sock.h、イーサ関連の ether.h と ether.c、ARP 関連の arp.h と arp.c、ICMP 関連の icmp.c と icmp.h、UDP 関連の udp.c と udp.h、DHCP 関連の dhcp.c と dhcp.h は、いずれも変更がありません。前章までのプログラムをご利用ください。

4-2
メイン処理に、TCPに関する 処理を追加する ～ main.c

　全ソースを掲載すると前章との重複がかなり多くなってしまいますので、ソースに関しては差分を紹介します。太字の部分が追加になった部分です。追加する関数は通常の文字で関数全体を掲載します。完全なソースは4ページに記載されているサンプルソースのダウンロードで確認してください。

■ TCP 関連のヘッダファイルを追加インクルードする

maim.c

```
// 省略

#include      <netinet/tcp.h>
#include      "tcp.h"
```

　インクルードファイルでは tcp.h を追加でインクルードします。それに伴い、netinet/tcp.h もインクルードします。

■終了時に TCP 接続を切断する

maim.c つづき

```
int ending()
{
struct ifreq    if_req;

        printf("ending\n");

        TcpAllSocketClose(DeviceSoc);

        if(Param.DhcpServer.s_addr!=0){
. . .
```

202　　第4章　TCP機能の基本機能を追加しよう　～仮想IPホストプログラム：第三段階

プログラム終了処理の ending() では、確立中の TCP 接続を切断する処理を追加します。

■最大セグメントサイズを表示する

maim.c つづき

```
int main(int argc,char *argv[])
{
char    buf1[80];
int     i,paramFlag;
pthread_attr_t  attr;
pthread_t       thread_id;

        SetDefaultParam();
. . .
        printf("IP-TTL=%d¥n",Param.IpTTL);
        printf("MTU=%d¥n",Param.MTU);
        printf("MSS=%d¥n",Param.MSS);
```

main() では、追加したパラメータの Param.MSS の表示を追加します。

4-3
設定情報にTCP関連の情報を追加する
〜 param.c、param.h

TCP の処理に必要な設定情報を追加します。

■デフォルト値の定義と最大セグメントサイズの変数の追加

param.h

```
#define DEFAULT_MTU      (ETHERMTU)
#define DEFAULT_IP_TTL   (64)
#define DEFAULT_MSS      (DEFAULT_MTU-sizeof(struct ip)-sizeof(struct tcphdr))
#define DEFAULT_PING_SIZE    (64)

#define DUMMY_WAIT_MS    (100)
#define RETRY_COUNT      (3)
#define TCP_INIT_WINDOW (1460)
#define TCP_FIN_TIMEOUT (3)
```

　MSS のデフォルト値、ウインドウサイズのデフォルト値、FIN タイムアウトのデフォルト値の定義を追加します。

　MSS（Maximum Segment Size：最大セグメントサイズ）は TCP で受信可能な最大サイズです。MTU から IP ヘッダ 20 バイト、TCP ヘッダ 20 バイトを除いた値が最大サイズです。

param.h つづき

```
typedef struct  {
        char    *device;
        u_int8_t        mymac[6];
        struct in_addr  myip;
        u_int8_t        vmac[6];
```

204　第 4 章　TCP 機能の基本機能を追加しよう　〜仮想 IP ホストプログラム：第三段階

```
        struct in_addr  vip;
        struct in_addr  vmask;
        int     IpTTL;
        int     MTU;
        int     MSS;
        struct in_addr  gateway;
        u_int32_t       DhcpRequestLeaseTime;
        u_int32_t       DhcpLeaseTime;
        time_t          DhcpStartTime;
        struct in_addr  DhcpServer;
}PARAM;
```

設定情報の保持用構造体の定義に MSS の変数を追加します。

■ TCP 用のヘッダをインクルードする

param.c

```
// 省略

#include        <netinet/tcp.h>
```

netinet/tcp.h を追加インクルードします。

■最大セグメントサイズのデフォルト値を設定する

param.c つづき

```
int SetDefaultParam()
{
        Param.MTU=DEFAULT_MTU;
        Param.IpTTL=DEFAULT_IP_TTL;
        Param.MSS=DEFAULT_MSS;


        return(0);
}
```

デフォルトパラメータの設定に MSS の設定を追加します。

4-3 設定情報に TCP 関連の情報を追加する 〜 param.c、param.h 205

■最大セグメントサイズを読み込む

param.c つづき

```c
int ReadParam(char *fname)
{
FILE    *fp;
char    buf[1024];
char    *ptr,*saveptr;

    ParamFname=fname;

    if((fp=fopen(fname,"r"))==NULL){
        printf("%s cannot read\n",fname);
        return(-1);
    }

    while(1){
        fgets(buf,sizeof(buf),fp);
        if(feof(fp)){
            break;
        }
        ptr=strtok_r(buf,"=",&saveptr);
        if(ptr!=NULL){
            if(strcmp(ptr,"IP-TTL")==0){
                if((ptr=strtok_r(NULL,"\r\n",&saveptr))!=NULL){
                    Param.IpTTL=atoi(ptr);
                }
            }
            else if(strcmp(ptr,"MTU")==0){
                if((ptr=strtok_r(NULL,"\r\n",&saveptr))!=NULL){
                    Param.MTU=atoi(ptr);
                    if(Param.MTU>ETHERMTU){
                        printf("ReadParam:MTU(%d) <= ETHERMTU(%d)\n", ⏎
Param.MTU,ETHERMTU);
                        Param.MTU=ETHERMTU;
                    }
                }
            }
            else if(strcmp(ptr,"MSS")==0){
                if((ptr=strtok_r(NULL,"\r\n",&saveptr))!=NULL){
                    Param.MSS=atoi(ptr);
                    if(Param.MSS>ETHERMTU){
                        printf("ReadParam:MSS(%d) <= ETHERMTU(%d)\n", ⏎
```

```
Param.MSS,ETHERMTU);
                        Param.MSS=ETHERMTU;
                    }
            }
        }
. . .
```

ReadParam() では追加になった MSS の読み込みを追加します。

4-4
IPパケットの処理に
TCPパケットの送受信を追加する
〜 ip.c、ip.h

ip.h の変更はありません。

■ TCP関連のヘッダファイルをインクルードする

ip.c

```
// 省略

#include        <netinet/tcp.h>
#include        "tcp.h"
```

TCP関連のヘッダを追加インクルードします。

■ TCPパケットの受信処理を追加する

ip.c つづき

```
int IpRecv(int soc,u_int8_t *raw,int raw_len,struct ether_header *eh, 🔁
u_int8_t *data,int len)
{
struct ip     *ip;
u_int8_t    option[1500];
u_int16_t    sum;
int    optionLen,no,off,plen;
u_int8_t    *ptr=data;

    if(len<(int)sizeof(struct ip)){
        printf("len(%d)<sizeof(struct ip)¥n",len);
        return(-1);
    }
    ip=(struct ip *)ptr;
```

```
    ptr+=sizeof(struct ip);
    len-=sizeof(struct ip);

    optionLen=ip->ip_hl*4-sizeof(struct ip);
    if(optionLen>0){
        if(optionLen>=1500){
            printf("IP optionLen(%d) too big¥n",optionLen);
            return(-1);
        }
        memcpy(option,ptr,optionLen);
        ptr+=optionLen;
        len-=optionLen;
    }

    if(optionLen==0){
        sum=checksum((u_int8_t *)ip,sizeof(struct ip));
    }
    else{
        sum=checksum2((u_int8_t *)ip,sizeof(struct ip),option,optionLen);
    }
    if(sum!=0&&sum!=0xFFFF){
        printf("bad ip checksum¥n");
        return(-1);
    }

    ArpAddTable(eh->ether_shost,&ip->ip_src);

    plen=ntohs(ip->ip_len)-ip->ip_hl*4;

    no=IpRecvBufAdd(ntohs(ip->ip_id));
    off=(ntohs(ip->ip_off)&IP_OFFMASK)*8;
    memcpy(IpRecvBuf[no].data+off,ptr,plen);
    if(!(ntohs(ip->ip_off)&IP_MF)){
        IpRecvBuf[no].len=off+plen;
        if(ip->ip_p==IPPROTO_ICMP){
            IcmpRecv(soc,raw,raw_len,eh,ip,IpRecvBuf[no].data, 🔁
IpRecvBuf[no].len);
        }
        else if(ip->ip_p==IPPROTO_UDP){
            UdpRecv(soc,eh,ip,IpRecvBuf[no].data,IpRecvBuf[no].len);
        }
        else if(ip->ip_p==IPPROTO_TCP){
            TcpRecv(soc,eh,ip,IpRecvBuf[no].data,IpRecvBuf[no].len);
```

```
        }
        IpRecvBufDel(ntohs(ip->ip_id));
    }

    return(0);
}
```

　相手側から接続してくるケースで、SYN を受信した際に、相手が ARP テーブ
ルに存在していないと SYN+ACK 応答ができないという構造上の問題に対処する
ために、ArpAddTable() で相手を ARP テーブルに登録するようにしています。
本来はきちんと ARP で調べ直すべきですが、受信スレッドの処理から送信をする
と、ARP 受信処理が割り込めないために ARP テーブルにない宛先への通信は必
ず失敗してしまいます。今回はソースをシンプルにするためにあえてそのままにして
あります。

　TCP の処理も行うために、IPPROTO_TCP の場合に TcpRecv() を実行する
記述を追加します。

4-5
TCPのコマンド処理を追加する
～ cmd.c、cmd.h

▓ TCP関連のプロトタイプ宣言

cmd.h

```
int DoCmdArp(char **cmdline);
int DoCmdPing(char **cmdline);
int DoCmdIfconfig(char **cmdline);
int DoCmdNetstat(char **cmdline);
int DoCmdUdp(char **cmdline);
int DoCmdTcp(char **cmdline);
int DoCmdEnd(char **cmdline);
int DoCmd(char *cmd);
```

DoCmdTcp() のプロトタイプ宣言を追加します。

▓ TCP関連のヘッダファイルをインクルードする

cmd.c

```
// 省略

#include        <netinet/tcp.h>
#include        "tcp.h"
```

TCP関連ヘッダのインクルードを追加します。

▓データの生存時間や転送時間などの設定値を表示する

cmd.c つづき

```
int DoCmdIfconfig(char **cmdline)
```

```
{
char    buf1[80];

        printf("device=%s¥n",Param.device);
        printf("vmac=%s¥n",my_ether_ntoa_r(Param.vmac,buf1));
        printf("vip=%s¥n",inet_ntop(AF_INET,&Param.vip,buf1,sizeof(buf1)));
        printf("vmask=%s¥n",inet_ntop(AF_INET,&Param.vmask,buf1,sizeof(buf1)));
        printf("gateway=%s¥n",inet_ntop(AF_INET,&Param.gateway,buf1, ☑
sizeof(buf1)));
        if(Param.DhcpStartTime==0){
                printf("Static¥n");
        }
        else{
                printf("DHCP request lease time=%d¥n", ☑
Param.DhcpRequestLeaseTime);
                printf("DHCP server=%s¥n",inet_ntop(AF_INET, ☑
&Param.DhcpServer,buf1,sizeof(buf1)));
                printf("DHCP start time:%s",ctime(&Param.DhcpStartTime));
                printf("DHCP lease time:%d¥n",Param.DhcpLeaseTime);
        }
        printf("IpTTL=%d,MTU=%d,MSS=%d¥n",Param.IpTTL,Param.MTU,Param.MSS);

        return(0);
}
```

　DoCmdIfconfig() 関数に追加になったパラメータを表示する処理を追記します。

■ TCP テーブルの状態を表示する

cmd.c つづき

```
int DoCmdNetstat(char **cmdline)
{
        printf("------------------------------¥n");
        printf("proto:no:port=data¥n");
        printf("------------------------------¥n");
        UdpShowTable();
        TcpShowTable();

        return(0);
}
```

DoCmdNetstat() 関数に TcpShowTable() の実行を追加し、TCP テーブルの状態を表示します。

■ TCP に関するコマンドを処理する

cmd.c つづき

```
int DoCmdTcp(char **cmdline)
{
char    *ptr;
u_int16_t       port;
int     no,ret;

        if((ptr=strtok_r(NULL," \r\n",cmdline))==NULL){
                printf("DoCmdTcp:no arg\n");
                return(-1);
        }
        if(strcmp(ptr,"listen")==0){
                if((ptr=strtok_r(NULL," \r\n",cmdline))==NULL){
                        no=TcpSocketListen(0);
                }
                else{
                        port=atoi(ptr);
                        no=TcpSocketListen(port);
                }
                printf("DoCmdTcp:no=%d\n",no);
        }
        else if(strcmp(ptr,"close")==0){
                if((ptr=strtok_r(NULL," \r\n",cmdline))==NULL){
                        printf("DoCmdTcp:close:no arg\n");
                        return(-1);
                }
                port=atoi(ptr);
                ret=TcpClose(DeviceSoc,port);
                printf("DoCmdTcp:ret=%d\n",ret);
        }
        else if(strcmp(ptr,"reset")==0){
                if((ptr=strtok_r(NULL," \r\n",cmdline))==NULL){
                        printf("DoCmdTcp:reset:no arg\n");
                        return(-1);
                }
                port=atoi(ptr);
                ret=TcpReset(DeviceSoc,port);
```

4-5　TCP のコマンド処理を追加する　～cmd.c、cmd.h　213

```c
                        printf("DoCmdTcp:ret=%d¥n",ret);
        }
        else if(strcmp(ptr,"connect")==0){
                char    *p_addr,*p_port;
                struct in_addr  daddr;
                u_int16_t       sport,dport;

                if((ptr=strtok_r(NULL," ¥r¥n",cmdline))==NULL){
                        printf("DoCmdTcp:connect:no arg¥n");
                        return(-1);
                }
                sport=atoi(ptr);

                if((p_addr=strtok_r(NULL,":¥r¥n",cmdline))==NULL){
                        printf("DoCmdTcp:connect:%u no arg¥n",sport);
                        return(-1);
                }
                if((p_port=strtok_r(NULL," ¥r¥n",cmdline))==NULL){
                        printf("DoCmdTcp:connect:%u %s:no arg¥n",sport,p_addr);
                        return(-1);
                }
                inet_aton(p_addr,&daddr);
                dport=atoi(p_port);
                TcpConnect(DeviceSoc,sport,&daddr,dport);
        }
        else if(strcmp(ptr,"send")==0){
                u_int16_t       sport;

                if((ptr=strtok_r(NULL," ¥r¥n",cmdline))==NULL){
                        printf("DoCmdTcp:send:no arg¥n");
                        return(-1);
                }
                sport=atoi(ptr);

                if((ptr=strtok_r(NULL,"¥r¥n",cmdline))==NULL){
                        printf("DoCmdTcp:send:%u no arg¥n",sport);
                        return(-1);
                }
                MakeString(ptr);
                TcpSend(DeviceSoc,sport,(u_int8_t *)ptr,strlen(ptr));
        }
        else{
                printf("DoCmdTcp:[%s] unknown¥n",ptr);
```

```
            return(-1);
    }

    return(0);
}
```

DoCmdTcp() を追加します。listen、close、reset、connect、send コマンドの処理を記述します。

listen でポート番号が指定されなかった場合には使用していないポート番号を自動で選択するように、TcpSocketListen () の引数を 0 で呼び出します。

send の際には、MakeString() を使うことで送信データに改行文字などを含めることができるようにしています。

■ TCP コマンド処理への分岐を追加する

cmd.c つづき

```
int DoCmd(char *cmd)
{
char    *ptr,*saveptr;
・・・
        else if(strcmp(ptr,"udp")==0){
                DoCmdUdp(&saveptr);
                return(0);
        }
        else if(strcmp(ptr,"tcp")==0){
                DoCmdTcp(&saveptr);
                return(0);
        }
        else if(strcmp(ptr,"end")==0){
                DoCmdEnd(&saveptr);
                return(0);
        }
        else{
                printf("DoCmd:unknown cmd : %s¥n",ptr);
                return(-1);
        }
}
```

DoCmd() 関数に、tcp 関連の記述を追加します。

4-6
TCPの処理を行う
～ tcp.h、tcp.c

新しく追加するソースファイルです。

■関数のプロトタイプ宣言

tcp.h

```
int print_tcp(struct tcphdr *tcp);
int print_tcp_optpad(unsigned char *data,int size);
char *TcpStatusStr(int status);
u_int16_t TcpChecksum(struct in_addr *saddr,struct in_addr *daddr, ☑
u_int8_t proto,u_int8_t *data,int len);
int TcpAddTable(u_int16_t port);
int TcpSearchTable(u_int16_t port);
int TcpShowTable();
u_int16_t TcpSearchFreePort();
int TcpSocketListen(u_int16_t port);
int TcpSocketClose(u_int16_t port);
int TcpSendSyn(int soc,int no,int ackFlag);
int TcpSendFin(int soc,int no);
int TcpSendRst(int soc,int no);
int TcpSendAck(int soc,int no);
int TcpSendRstDirect(int soc,struct ether_header *r_eh,struct ip *r_ip, ☑
struct tcphdr *r_tcp);
int TcpConnect(int soc,u_int16_t sport,struct in_addr *daddr,u_int16_t dport);
int TcpClose(int soc,u_int16_t sport);
int TcpReset(int soc,u_int16_t sport);
int TcpAllSocketClose(int soc);
int TcpSendData(int soc,u_int16_t sport,u_int8_t *data,int len);
int TcpSend(int soc,u_int16_t sport,u_int8_t *data,int len);
int TcpRecv(int soc,struct ether_header *eh,struct ip *ip,u_int8_t *data, ☑
int len);
```

216　第 4 章　TCP 機能の基本機能を追加しよう　～仮想 IP ホストプログラム：第三段階

tcp.c に含まれる関数のプロトタイプ宣言を記述します。

■ヘッダファイルのインクルードと変数の宣言

tcp.c

```
#include        <stdio.h>
#include        <unistd.h>
#include        <stdlib.h>
#include        <string.h>
#include        <sys/ioctl.h>
#include        <netpacket/packet.h>
#include        <netinet/ip_icmp.h>
#include        <netinet/if_ether.h>
#include        <netinet/tcp.h>
#include        <linux/if.h>
#include        <arpa/inet.h>
#include        <pthread.h>
#include        "sock.h"
#include        "ether.h"
#include        "ip.h"
#include        "tcp.h"
#include        "param.h"

extern PARAM    Param;
```

　tcp.c に必要なインクルードファイルの記述と、設定情報を extern で外部参照
する記述を行います。

tcp.c つづき

```
struct pseudo_ip{
        struct in_addr  ip_src;
        struct in_addr  ip_dst;
        u_int8_t        dummy;
        u_int8_t        ip_p;
        u_int16_t       ip_len;
};
```

　TCP チェックサムを計算する際に使用する疑似ヘッダ構造体の定義です。

4-6　TCP の処理を行う　〜 tcp.h、tcp.c　217

tcp.c つづき

```c
#define TCP_TABLE_NO      (16)

typedef struct {
        u_int16_t        myPort,dstPort;
        struct in_addr  dstAddr;
        struct {
                u_int32_t        una;    // 未確認の送信
                u_int32_t        nxt;    // 次の送信
                u_int32_t        wnd;    // 送信ウインドウ
                u_int32_t        iss;    // 初期送信シーケンス番号
        }snd;
        struct {
                u_int32_t        nxt;    // 次の受信
                u_int32_t        wnd;    // 受信ウインドウ
                u_int32_t        irs;    // 初期受信シーケンス番号
        }rcv;
        int      status;
}TCP_TABLE;

TCP_TABLE        TcpTable[TCP_TABLE_NO];
```

　アクティブな TCP ポート情報を保持するために、RFC793 での TCB
（Transmission Control Block）に相当する TCP_TABLE 構造体の定義と、
16 個格納できるテーブルの実体を記述します。

　myPort は自分側のポート番号、dstPort は相手側のポート番号、dstAddr
は相手側の IP アドレスを保持します。

　TCP_TABLE の snd と rcv は、RFC793 の送信シーケンス変数／受信シーケ
ンス変数から、緊急ポインタとウインドウ更新関連を除いたものとして、RFC と対
比しやすいようにしました。次の簡単な図は変数の理解に役立ちますので引用して
おきます。

218　　第 4 章　TCP 機能の基本機能を追加しよう　〜仮想 IP ホストプログラム：第三段階

図4-3 送信シーケンス空間

1 - 確認された古いシーケンス番号
2 - 確認されていないデータのシーケンス番号
3 - 新しいデータ伝送が可能なシーケンス番号
4 - まだ伝送可能でない未来のシーケンス番号

図4-4 受信シーケンス空間

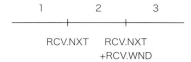

1 - 確認された古いシーケンス番号
2 - 新しく受信が可能なシーケンス番号
3 - まだ受信できない未来のシーケンス番号

また、status は TCP の状態を保持します。netinet/tcp.h に定義されている値を使います。

tcp.c つづき

```
enum
{
  TCP_ESTABLISHED = 1,
  TCP_SYN_SENT,
  TCP_SYN_RECV,
  TCP_FIN_WAIT1,
  TCP_FIN_WAIT2,
  TCP_TIME_WAIT,
  TCP_CLOSE,
  TCP_CLOSE_WAIT,
  TCP_LAST_ACK,
  TCP_LISTEN,
  TCP_CLOSING   /* now a valid state */
};
```

- TCP_LISTEN：任意の遠隔 TCP とポートからの接続要求を待つことを表す
- TCP_SYN_SENT：接続要求を送った後で一致する接続要求を待つことを表す
- TCP_SYN_RECV：接続要求の受信と送信の後で接続要求確認応答の確認を待つことを表す
- TCP_ESTABLISHED：オープン接続を表す、受信データをユーザに届けることができる。接続のデータ転送フェーズ間の基底状態
- TCP_FIN_WAIT1：遠隔 TCP からの接続終了要求あるいは前に送った接続終了要求の確認応答を待つことを表す
- TCP_FIN_WAIT2：遠隔 TCP から接続終了要求を待つことを表す
- TCP_CLOSE：ローカルユーザから接続終了要求を待つことを表す
- TCP_CLOSING：遠隔 TCP から接続終了要求確認応答を待つことを表す
- TCP_LAST_ACK：（その接続終了要求の確認応答を含む）遠隔 TCP に前に送られた接続終了要求の確認応答を待つことを表す
- TCP_TIME_WAIT：遠隔 TCP がその接続終了要求の確認応答を受取りを確かに認められるのに十分の時間待つことを表す
- TCP_CLOSE：まったくの無接続状態を表す

tcp.c つづき

```
pthread_rwlock_t          TcpTableLock=PTHREAD_RWLOCK_INITIALIZER;
```

TCP テーブルの変更時に使用する RW ロックを記述します。

■ TCP ヘッダの情報を表示する

tcp.c つづき

```
int print_tcp(struct tcphdr *tcp)
{
        printf("tcp------------------------------------------------------------ ↵
------------------¥n");

        printf("source=%u,",ntohs(tcp->source));
        printf("dest=%u¥n",ntohs(tcp->dest));
        printf("seq=%u¥n",ntohl(tcp->seq));
        printf("ack_seq=%u¥n",ntohl(tcp->ack_seq));
        printf("doff=%u,",tcp->doff);
```

```
        printf("urg=%u,",tcp->urg);
        printf("ack=%u,",tcp->ack);
        printf("psh=%u,",tcp->psh);
        printf("rst=%u,",tcp->rst);
        printf("syn=%u,",tcp->syn);
        printf("fin=%u,",tcp->fin);
        printf("window=%u\n",ntohs(tcp->window));
        printf("check=%04x,",ntohs(tcp->check));
        printf("urg_ptr=%u\n",ntohs(tcp->urg_ptr));

        return(0);
}
```

　TCP ヘッダの情報を標準出力に出力する関数です。

tcp.c つづき

```
int print_tcp_optpad(unsigned char *data,int size)
{
int     i;

        printf("option,pad(%d)=",size);
        for(i=0;i<size;i++){
                if(i!=0){
                        printf(",");
                }
                printf("%02x",*data);data++;
        }
        printf("\n");

        return(0);
}
```

　TCP ヘッダのオプションやパディングを標準出力に出力する関数です。

■ TCP 状態の文字表記を得る

tcp.c つづき

```
char *TcpStatusStr(int status)
{
```

4-6　TCP の処理を行う　〜 tcp.h、tcp.c　221

```
        switch(status){
                case    TCP_ESTABLISHED:
                        return("ESTABLISHED");
                case    TCP_SYN_SENT:
                        return("SYN_SENT");
                case    TCP_SYN_RECV:
                        return("SYN_RECV");
                case    TCP_FIN_WAIT1:
                        return("FIN_WAIT1");
                case    TCP_FIN_WAIT2:
                        return("FIN_WAIT2");
                case    TCP_TIME_WAIT:
                        return("TIME_WAIT");
                case    TCP_CLOSE:
                        return("CLOSE");
                case    TCP_CLOSE_WAIT:
                        return("CLOSE_WAIT");
                case    TCP_LAST_ACK:
                        return("LAST_ACK");
                case    TCP_LISTEN:
                        return("LISTEN");
                case    TCP_CLOSING:
                        return("CLOSING");
                default:
                        return("undefine");
        }
}
```

TCP の状態値から文字列を得るための関数です。

▓チェックサムの計算を行う

tcp.c つづき

```
u_int16_t TcpChecksum(struct in_addr *saddr,struct in_addr *daddr, ☑
u_int8_t proto,u_int8_t *data,int len)
{
struct pseudo_ip        p_ip;
u_int16_t       sum;

        memset(&p_ip,0,sizeof(struct pseudo_ip));
        p_ip.ip_src.s_addr=saddr->s_addr;
```

```
        p_ip.ip_dst.s_addr=daddr->s_addr;
        p_ip.ip_p=proto;
        p_ip.ip_len=htons(len);

        sum=checksum2((u_int8_t *)&p_ip,sizeof(struct pseudo_ip),data,len);
        return(sum);
}
```

TCP チェックサムを計算する関数です。IP 疑似ヘッダに IP ヘッダの情報を格納
してから全体を計算します。

■ TCP テーブルの追加、検索、表示をする

tcp.c つづき

```
int TcpAddTable(u_int16_t port)
{
int     i,freeNo;

        pthread_rwlock_wrlock(&TcpTableLock);

        freeNo=-1;
        for(i=0;i<TCP_TABLE_NO;i++){
                if(TcpTable[i].myPort==port){
                        printf("TcpAddTable:port %d:already exist¥n",port);
                        pthread_rwlock_unlock(&TcpTableLock);
                        return(-1);
                }
                else if(TcpTable[i].myPort==0){
                        if(freeNo==-1){
                                freeNo=i;
                        }
                }
        }
        if(freeNo==-1){
                printf("TcpAddTable:no free table¥n");
                pthread_rwlock_unlock(&TcpTableLock);
                return(-1);
        }

        memset(&TcpTable[freeNo],0,sizeof(TCP_TABLE));
        TcpTable[freeNo].myPort=port;
```

4-6 TCP の処理を行う ～ tcp.h、tcp.c   223

```
        TcpTable[freeNo].snd.iss=TcpTable[freeNo].snd.una=TcpTable[freeNo]. ☑
snd.nxt=random();
        TcpTable[freeNo].rcv.irs=TcpTable[freeNo].rcv.nxt=0;
        TcpTable[freeNo].snd.wnd=TCP_INIT_WINDOW;
        TcpTable[freeNo].status=TCP_CLOSE;

        pthread_rwlock_unlock(&TcpTableLock);

        return(freeNo);
}
```

　TCP テーブルに 1 つ追加する関数です。RW ロックで書き込みロックを取得し
てから処理します。ソースの単純化のため、TCP テーブルは 16 個固定です。

tcp.c つづき

```
int TcpSearchTable(u_int16_t port)
{
int     i;

        pthread_rwlock_rdlock(&TcpTableLock);

        for(i=0;i<TCP_TABLE_NO;i++){
                if(TcpTable[i].myPort==port){
                        pthread_rwlock_unlock(&TcpTableLock);
                        return(i);
                }
        }

        pthread_rwlock_unlock(&TcpTableLock);

        return(-1);
}
```

　TCP テーブルから指定したポート番号を探します。見つからない場合は− 1 を
リターンします。RW ロックのリードロックを取得してから処理します。

tcp.c つづき

```
int TcpShowTable()
{
```

```
int      i;
char     buf1[80],buf2[80];

         pthread_rwlock_rdlock(&TcpTableLock);

         for(i=0;i<TCP_TABLE_NO;i++){
                 if(TcpTable[i].myPort!=0){
                         if(TcpTable[i].status==TCP_ESTABLISHED){
                                 printf("TCP:%d:%u=%s:%u-%s:%u:%s\n", ⏎
i,TcpTable[i].myPort,inet_ntop(AF_INET,&Param.vip,buf1,sizeof(buf1)), ⏎
TcpTable[i].myPort,inet_ntop(AF_INET,&TcpTable[i].dstAddr,buf2, ⏎
sizeof(buf2)),TcpTable[i].dstPort,TcpStatusStr(TcpTable[i].status));
                         }
                         else{
                                 printf("TCP:%d:%u=%s:%u:%s\n",i, ⏎
TcpTable[i].myPort,inet_ntop(AF_INET,&Param.vip,buf1,sizeof(buf1)), ⏎
TcpTable[i].myPort,TcpStatusStr(TcpTable[i].status));
                         }
                 }
         }

         pthread_rwlock_unlock(&TcpTableLock);

         return(0);
}
```

TCP テーブルの情報を標準出力に出力します。

■空きポートの検索

tcp.c つづき

```
u_int16_t TcpSearchFreePort()
{
u_int16_t      i;

         for(i=32768;i<61000;i++){
                 if(TcpSearchTable(i)==-1){
                         return(i);
                 }
         }
```

```
        return(0);
}
```

TCP の空きポートを探す関数です。

■接続受付準備を行う

tcp.c つづき

```
int TcpSocketListen(u_int16_t port)
{
int     no;

        if(port==0){
                if((port=TcpSearchFreePort())==0){
                        printf("TcpSocket:no free port¥n");
                        return(-1);
                }
        }
        no=TcpAddTable(port);
        if(no==-1){
                return(-1);
        }
        TcpTable[no].status=TCP_LISTEN;
        return(no);
}
```

　TCP 接続受け付けポートを準備する関数です。TCP テーブルに追加し、ステータスを TCP_LISTEN にしておきます。

■ポートをクローズする

tcp.c つづき

```
int TcpSocketClose(u_int16_t port)
{
int     no;

        no=TcpSearchTable(port);
        if(no==-1){
                printf("TcpSocketClose:%u:not exists¥n",port);
```

```
            return(-1);
        }
        pthread_rwlock_wrlock(&TcpTableLock);
        TcpTable[no].myPort=0;
        pthread_rwlock_unlock(&TcpTableLock);

        return(0);
}
```

　　TCP テーブルから指定したポートのデータを削除する関数です。

■ SYN、FIN、RST、ACK の送信を行う

tcp.c つづき

```
int TcpSendSyn(int soc,int no,int ackFlag)
{
u_int8_t        *ptr;
u_int8_t        sbuf[DEFAULT_MTU-sizeof(struct ip)];
struct tcphdr   *tcp;

        ptr=sbuf;
        tcp=(struct tcphdr *)ptr;
        memset(tcp,0,sizeof(struct tcphdr));
        tcp->seq=htonl(TcpTable[no].snd.una);
        tcp->ack_seq=htonl(TcpTable[no].rcv.nxt);
        tcp->source=htons(TcpTable[no].myPort);
        tcp->dest=htons(TcpTable[no].dstPort);
        tcp->doff=5;
        tcp->urg=0;
        tcp->ack=ackFlag;
        tcp->psh=0;
        tcp->rst=0;
        tcp->syn=1;
        tcp->fin=0;
        tcp->window=htons(TcpTable[no].snd.wnd);
        tcp->check=htons(0);
        tcp->urg_ptr=htons(0);

        ptr+=sizeof(struct tcphdr);

        tcp->check=TcpChecksum(&Param.vip,&TcpTable[no].dstAddr,IPPROTO_TCP, ⏎
```

4-6　TCP の処理を行う　～ tcp.h、tcp.c

```
(u_int8_t *)sbuf,ptr-sbuf);

printf("=== TCP ===[¥n");
        IpSend(soc,&Param.vip,&TcpTable[no].dstAddr,IPPROTO_TCP,1, ☑
Param.IpTTL,sbuf,ptr-sbuf);
print_tcp(tcp);
printf("]¥n");

        TcpTable[no].snd.nxt=TcpTable[no].snd.una;

        return(0);
}
```

　SYN を送信する関数です。TCP ヘッダに必要な情報をセットし、チェックサム
を計算してから、IpSend() で送信します。

tcp.c つづき

```
int TcpSendFin(int soc,int no)
{
u_int8_t        *ptr;
u_int8_t        sbuf[DEFAULT_MTU-sizeof(struct ip)];
struct tcphdr   *tcp;

        ptr=sbuf;
        tcp=(struct tcphdr *)ptr;
        memset(tcp,0,sizeof(struct tcphdr));
        tcp->seq=htonl(TcpTable[no].snd.una);
        tcp->ack_seq=htonl(TcpTable[no].rcv.nxt);
        tcp->source=htons(TcpTable[no].myPort);
        tcp->dest=htons(TcpTable[no].dstPort);
        tcp->doff=5;
        tcp->urg=0;
        tcp->ack=1;
        tcp->psh=0;
        tcp->rst=0;
        tcp->syn=0;
        tcp->fin=1;
        tcp->window=htons(TcpTable[no].snd.wnd);
        tcp->check=htons(0);
        tcp->urg_ptr=htons(0);
```

```
        ptr+=sizeof(struct tcphdr);

        tcp->check=TcpChecksum(&Param.vip,&TcpTable[no].dstAddr, ☑
IPPROTO_TCP,(u_int8_t *)sbuf,ptr-sbuf);

printf("=== TCP ===[¥n");
        IpSend(soc,&Param.vip,&TcpTable[no].dstAddr,IPPROTO_TCP,1, ☑
Param.IpTTL,sbuf,ptr-sbuf);
print_tcp(tcp);
printf("]¥n");

        TcpTable[no].snd.nxt=TcpTable[no].snd.una;

        return(0);
}
```

　FIN を送信する関数です。TCP ヘッダに必要な情報をセットし、チェックサムを
計算してから、IpSend() で送信します。

tcp.c つづき

```
int TcpSendRst(int soc,int no)
{
u_int8_t        *ptr;
u_int8_t        sbuf[DEFAULT_MTU-sizeof(struct ip)];
struct tcphdr   *tcp;

        ptr=sbuf;
        tcp=(struct tcphdr *)ptr;
        memset(tcp,0,sizeof(struct tcphdr));
        tcp->seq=htonl(TcpTable[no].snd.una);
        tcp->ack_seq=htonl(TcpTable[no].rcv.nxt);
        tcp->source=htons(TcpTable[no].myPort);
        tcp->dest=htons(TcpTable[no].dstPort);
        tcp->doff=5;
        tcp->urg=0;
        tcp->ack=1;
        tcp->psh=0;
        tcp->rst=1;
        tcp->syn=0;
        tcp->fin=0;
        tcp->window=htons(TcpTable[no].snd.wnd);
```

```
        tcp->check=htons(0);
        tcp->urg_ptr=htons(0);

        ptr+=sizeof(struct tcphdr);

        tcp->check=TcpChecksum(&Param.vip,&TcpTable[no].dstAddr,IPPROTO_TCP,☑
(u_int8_t *)sbuf,ptr-sbuf);

printf("=== TCP ===[\n");
        IpSend(soc,&Param.vip,&TcpTable[no].dstAddr,IPPROTO_TCP,1,☑
Param.IpTTL,sbuf,ptr-sbuf);
print_tcp(tcp);
printf("]\n");

        TcpTable[no].snd.nxt=TcpTable[no].snd.una;

        return(0);
}
```

RSTを送信する関数です。TCPヘッダに必要な情報をセットし、チェックサムを計算してから、IpSend()で送信します。

tcp.c つづき

```
int TcpSendAck(int soc,int no)
{
u_int8_t        *ptr;
u_int8_t        sbuf[sizeof(struct ether_header)+1500];
struct tcphdr   *tcp;

        ptr=sbuf;
        tcp=(struct tcphdr *)ptr;
        memset(tcp,0,sizeof(struct tcphdr));
        tcp->seq=htonl(TcpTable[no].snd.una);
        tcp->ack_seq=htonl(TcpTable[no].rcv.nxt);
        tcp->source=htons(TcpTable[no].myPort);
        tcp->dest=htons(TcpTable[no].dstPort);
        tcp->doff=5;
        tcp->urg=0;
        tcp->ack=1;
        tcp->psh=0;
        tcp->rst=0;
```

```
        tcp->syn=0;
        tcp->fin=0;
        tcp->window=htons(TcpTable[no].snd.wnd);
        tcp->check=htons(0);
        tcp->urg_ptr=htons(0);

        ptr+=sizeof(struct tcphdr);

        tcp->check=TcpChecksum(&Param.vip,&TcpTable[no].dstAddr,
IPPROTO_TCP,(u_int8_t *)sbuf,ptr-sbuf);

printf("=== TCP ===[\n");
        IpSend(soc,&Param.vip,&TcpTable[no].dstAddr,IPPROTO_TCP,1,
Param.IpTTL,sbuf,ptr-sbuf);
print_tcp(tcp);
printf("]\n");

        TcpTable[no].snd.nxt=TcpTable[no].snd.una;

        return(0);
}
```

　ACK を送信する関数です。TCP ヘッダに必要な情報をセットし、チェックサム
を計算してから、IpSend() で送信します。

■直接宛先指定で RST を送信する

tcp.c つづき

```
int TcpSendRstDirect(int soc,struct ether_header *r_eh,struct ip *r_ip,
struct tcphdr *r_tcp)
{
u_int8_t        *ptr;
u_int8_t        sbuf[sizeof(struct ether_header)+1500];
struct tcphdr   *tcp;

        ptr=sbuf;
        tcp=(struct tcphdr *)ptr;
        memset(tcp,0,sizeof(struct tcphdr));
        tcp->seq=r_tcp->ack_seq;
        tcp->ack_seq=htonl(ntohl(r_tcp->seq)+1);
        tcp->source=r_tcp->dest;
```

```
        tcp->dest=r_tcp->source;
        tcp->doff=5;
        tcp->urg=0;
        tcp->ack=1;
        tcp->psh=0;
        tcp->rst=1;
        tcp->syn=0;
        tcp->fin=0;
        tcp->window=0;
        tcp->check=htons(0);
        tcp->urg_ptr=htons(0);

        ptr+=sizeof(struct tcphdr);

        tcp->check=TcpChecksum(&Param.vip,&r_ip->ip_src,IPPROTO_TCP, ☑
(u_int8_t *)sbuf,ptr-sbuf);

printf("=== TCP ===[¥n");
        IpSend(soc,&Param.vip,&r_ip->ip_src,IPPROTO_TCP,1,Param.IpTTL, ☑
sbuf,ptr-sbuf);
print_tcp(tcp);
printf("]¥n");

        return(0);
}
```

　RST を TCP テーブルとは関係なく直接宛先指定で送信する関数です。受信対
象でないポート番号宛に TCP パケットが届いた際に、RST を送り返すために使い
ます。

■接続を行う

tcp.c つづき

```
int TcpConnect(int soc,u_int16_t sport,struct in_addr *daddr,u_int16_t dport)
{
int     count,no;

        if((no=TcpAddTable(sport))==-1){
                return(-1);
        }
```

```
        TcpTable[no].dstPort=dport;
        TcpTable[no].dstAddr.s_addr=daddr->s_addr;

        TcpTable[no].status=TCP_SYN_SENT;
        count=0;
        do{
                TcpSendSyn(soc,no,0);
                DummyWait(DUMMY_WAIT_MS*(count+1));
                printf("TcpConnect:%s¥n",TcpStatusStr(TcpTable[no].status));
                count++;
                if(count>RETRY_COUNT){
                        printf("TcpConnect:retry over¥n");
                        TcpSocketClose(sport);
                        return(0);
                }
        }while(TcpTable[no].status!=TCP_ESTABLISHED);

        printf("TcpConnect:success¥n");

        return(1);
}
```

　TCP 接続するための関数です。接続先情報を TCP テーブルに格納し、ステータスを TCP_SYN_SENT にして、TcpSendSyn() で SYN を送信します。受信は別スレッドですので、SYN+ACK 応答があればステータスが TCP_ESTABLISHED になるので、それまで徐々に間隔を空けながらリトライしつつ待ちます。

■ 接続を解除する

tcp.c つづき

```
int TcpClose(int soc,u_int16_t sport)
{
int     count,no;
time_t  now_t;

        if((no=TcpSearchTable(sport))==-1){
                return(-1);
        }
```

4-6　TCP の処理を行う　〜 tcp.h、tcp.c　233

```c
        if(TcpTable[no].status==TCP_ESTABLISHED){
                TcpTable[no].status=TCP_FIN_WAIT1;
                count=0;
                do{
                        TcpSendFin(soc,no);
                        DummyWait(DUMMY_WAIT_MS*(count+1));
                        printf("TcpClose:status=%s¥n",
TcpStatusStr(TcpTable[no].status));
                        count++;
                        if(count>RETRY_COUNT){
                                printf("TcpClose:retry over¥n");
                                TcpSocketClose(sport);
                                return(0);
                        }
                }while(TcpTable[no].status==TCP_FIN_WAIT1);

                count=0;
                while(TcpTable[no].status!=TCP_TIME_WAIT&&TcpTable[no].
status!=TCP_CLOSE){
                        DummyWait(DUMMY_WAIT_MS*(count+1));
                        printf("TcpClose:status=%s¥n",TcpStatusStr
(TcpTable[no].status));
                        count++;
                        if(count>RETRY_COUNT){
                                printf("TcpClose:retry over¥n");
                                TcpSocketClose(sport);
                                return(0);
                        }
                }

                if(TcpTable[no].status!=TCP_CLOSE){
                        now_t=time(NULL);
                        while(time(NULL)-now_t<TCP_FIN_TIMEOUT){
                                printf("TcpClose:status=%s¥n",
TcpStatusStr(TcpTable[no].status));
                                sleep(1);
                        }
                        TcpTable[no].status=TCP_CLOSE;
                }
        }

        printf("TcpClose:status=%s:success¥n",
TcpStatusStr(TcpTable[no].status));
```

```
        if(TcpTable[no].myPort!=0){
                TcpSocketClose(sport);
        }

        return(1);
}
```

　TCP 通常切断処理の関数です。ステータスが TCP_ESTABLISHED であれば、
TCP_FIN_WAIT1 に変更し、FIN を送信します。リトライしながら FIN や ACK
を受信して TCP_FIN_WAIT1 以外のステータスになるのを待ちます。次に FIN か
RST が受信できていなければ待ちます。さらに FIN に対する ACK も受信して
TCP_CLOSE になるか、TCP_FIN_TIMEOUT を経過するまで待ち、TcpSocket
Close() で TCP テーブルから削除します。

tcp.c つづき

```
int TcpReset(int soc,u_int16_t sport)
{
int     no;

        if((no=TcpSearchTable(sport))==-1){
                return(-1);
        }

        TcpSendRst(soc,no);

        TcpSocketClose(sport);

        return(1);
}
```

　RST で TCP 接続状態を切断する関数です。RST の場合は送信後すぐに
TcpSocketClose() で TCP テーブルを削除します。

tcp.c つづき

```
int TcpAllSocketClose(int soc)
{
```

4-6　TCP の処理を行う　〜 tcp.h、tcp.c　　235

```
int      i;

         for(i=0;i<TCP_TABLE_NO;i++){
                 if(TcpTable[i].myPort!=0&&TcpTable[i].status==TCP_ESTABLISHED){
                         TcpClose(soc,TcpTable[i].myPort);
                 }
         }

         return(0);
}
```

プログラム終了時に接続確立状態のものを全て切断する関数です。

■データを送信する

tcp.c つづき

```
int TcpSendData(int soc,u_int16_t sport,u_int8_t *data,int len)
{
u_int8_t        *ptr;
u_int8_t        sbuf[DEFAULT_MTU-sizeof(struct ip)];
int     no;
struct tcphdr   *tcp;

        if((no=TcpSearchTable(sport))==-1){
                return(-1);
        }

        if(TcpTable[no].status!=TCP_ESTABLISHED){
                printf("TcpSend:not established¥n");
                return(-1);
        }

        ptr=sbuf;
        tcp=(struct tcphdr *)ptr;
        memset(tcp,0,sizeof(struct tcphdr));
        tcp->seq=htonl(TcpTable[no].snd.una);
        tcp->ack_seq=htonl(TcpTable[no].rcv.nxt);
        tcp->source=htons(TcpTable[no].myPort);
        tcp->dest=htons(TcpTable[no].dstPort);
        tcp->doff=5;
        tcp->urg=0;
```

```
        tcp->ack=1;
        tcp->psh=0;
        tcp->rst=0;
        tcp->syn=0;
        tcp->fin=0;
        tcp->window=htons(TcpTable[no].snd.wnd);
        tcp->check=htons(0);
        tcp->urg_ptr=htons(0);

        ptr+=sizeof(struct tcphdr);

        memcpy(ptr,data,len);
        ptr+=len;

        tcp->check=TcpChecksum(&Param.vip,&TcpTable[no].dstAddr, ☑
IPPROTO_TCP,(u_int8_t *)sbuf,ptr-sbuf);

printf("=== TCP ===[¥n");
        IpSend(soc,&Param.vip,&TcpTable[no].dstAddr,IPPROTO_TCP,0, ☑
Param.IpTTL,sbuf,ptr-sbuf);
print_tcp(tcp);
print_hex(data,len);
printf("]¥n");

        TcpTable[no].snd.nxt=TcpTable[no].snd.una+len;

        return(0);
}
```

　接続確立状態でデータを送信する関数です。この関数はパケットを生成して送
信する関数で、TcpSend() から実行されます。

tcp.c つづき

```
int TcpSend(int soc,u_int16_t sport,u_int8_t *data,int len)
{
u_int8_t        *ptr;
int     count,no;
int     lest,sndLen;

        if((no=TcpSearchTable(sport))==-1){
                return(-1);
```

4-6　TCP の処理を行う　～ tcp.h、tcp.c　237

```
        }

        ptr=data;
        lest=len;

        while(lest>0){
                if(lest>=TcpTable[no].rcv.wnd){
                        sndLen=TcpTable[no].rcv.wnd;
                }
                else if(lest>=Param.MSS){
                        sndLen=Param.MSS;
                }
                else{
                        sndLen=lest;
                }

                printf("TcpSend:offset=%ld,len=%d,lest=%d\n",
ptr-data,sndLen,lest);

                count=0;
                do{
                        TcpSendData(soc,sport,ptr,sndLen);
                        DummyWait(DUMMY_WAIT_MS*(count+1));
                        printf("TcpSend:una=%u,nextSeq=%u\n",
TcpTable[no].snd.una-TcpTable[no].snd.iss,TcpTable[no].snd.
nxt-TcpTable[no].snd.iss);
                        count++;
                        if(count>RETRY_COUNT){
                                printf("TcpSend:retry over\n");
                                return(0);
                        }
                }while(TcpTable[no].snd.una!=TcpTable[no].snd.nxt);

                ptr+=sndLen;
                lest-=sndLen;
        }

        printf("TcpSend:una=%u,nextSeq=%u:success\n",TcpTable[no].
snd.una-TcpTable[no].snd.iss,TcpTable[no].snd.nxt-TcpTable[no].snd.iss);

        return(1);
}
```

接続確立状態でデータを送信する関数です。このプログラムでは送信のウインドウスケーリングには対応していませんが、受信したウインドウサイズ内でなおかつ MSS 内で分割してデータを送信します。ACK が戻ってきて受信シーケンス番号が変化するまでリトライします。

■ TCP の受信処理を行う

tcp.c つづき

```
int TcpRecv(int soc,struct ether_header *eh,struct ip *ip,u_int8_t *data, ☑
int len)
{
struct tcphdr    *tcp;
u_int8_t         *ptr=data;
u_int16_t        sum;
int     no,lest,tcplen;

        tcplen=len;

        sum=TcpChecksum(&ip->ip_src,&ip->ip_dst,ip->ip_p,data,tcplen);
        if(sum!=0&&sum!=0xFFFF){
                printf("TcpRecv:bad tcp checksum(%x)\n",sum);
                return(-1);
        }

        tcp=(struct tcphdr *)ptr;
        ptr+=sizeof(struct tcphdr);
        tcplen-=sizeof(struct tcphdr);

        printf("--- recv ---[\n");
        print_ether_header(eh);
        print_ip(ip);
        print_tcp(tcp);
        lest=tcp->doff*4-sizeof(struct tcphdr);
        if(lest>0){
                print_tcp_optpad(ptr,lest);
                ptr+=lest;
                tcplen-=lest;
        }
        print_hex(ptr,tcplen);
        printf("]\n");
```

4-6　TCP の処理を行う　～ tcp.h、tcp.c　　239

```c
        if((no=TcpSearchTable(ntohs(tcp->dest)))!=-1){
                if(TcpTable[no].rcv.nxt!=0&&ntohl(tcp->seq)!=TcpTable[no].
rcv.nxt){
                        printf("TcpRecv:%d:seq(%u)!=rcv.nxt(%u)\n",no,
ntohl(tcp->seq),TcpTable[no].rcv.nxt);
                }
                else{
                        if(TcpTable[no].status==TCP_SYN_SENT){
                                if(tcp->rst==1){
                                        printf("TcpRecv:%d:SYN_SENT:rst\n",no);
                                        TcpTable[no].status=TCP_CLOSE;
                                        TcpTable[no].rcv.nxt=ntohl(tcp->seq);
                                        TcpTable[no].snd.una=ntohl(tcp->ack_seq);
                                        TcpSocketClose(TcpTable[no].myPort);
                                }
                                else if(tcp->syn==1){
                                        printf("TcpRecv:%d:SYN_SENT:syn\n",no);
                                        TcpTable[no].status=TCP_SYN_RECV;
                                        if(tcp->ack==1){
                                                printf("TcpRecv:SYN_RECV:syn-
ack:%d\n",no);
                                                TcpTable[no].status=
TCP_ESTABLISHED;
                                        }
                                        TcpTable[no].rcv.irs=ntohl(tcp->seq);
                                        TcpTable[no].rcv.nxt=ntohl(tcp->seq)+1;
                                        TcpTable[no].snd.una=ntohl(tcp->ack_seq);
                                        TcpSendAck(soc,no);
                                }
                        }
                        else if(TcpTable[no].status==TCP_SYN_RECV){
                                if(tcp->rst==1){
                                        printf("TcpRecv:%d:SYN_RECV:rst\n",no);
                                        TcpTable[no].status=TCP_CLOSE;
                                        TcpTable[no].rcv.nxt=ntohl(tcp->seq);
                                        TcpTable[no].snd.una=ntohl
(tcp->ack_seq);
                                        TcpSocketClose(TcpTable[no].myPort);
                                }
                                else if(tcp->ack==1){
                                        printf("TcpRecv:%d:SYN_RECV:ack\n",no);
                                        TcpTable[no].status=TCP_ESTABLISHED;
                                        TcpTable[no].rcv.nxt=ntohl(tcp->seq);
```

```c
                                        TcpTable[no].snd.una=ntohl 📷
(tcp->ack_seq);
                                }
                        }
                        else if(TcpTable[no].status==TCP_LISTEN){
                                if(tcp->syn==1){
                                        printf("TcpRecv:%d:LISTEN:syn¥n",no);
                                        TcpTable[no].status=TCP_SYN_RECV;
                                        TcpTable[no].dstAddr.s_addr=ip-> 📷
ip_src.s_addr;

                                        TcpTable[no].dstPort=ntohs(tcp->source);
                                        TcpTable[no].rcv.irs=ntohl(tcp->seq)+1;
                                        TcpTable[no].rcv.nxt=ntohl(tcp->seq)+1;
                                        TcpSendSyn(soc,no,1);
                                }
                        }
                        else if(TcpTable[no].status==TCP_FIN_WAIT1){
                                if(tcp->rst==1){
                                        printf("TcpRecv:%d:FIN_WAIT1:rst¥n",no);
                                        TcpTable[no].status=TCP_CLOSE;
                                        TcpTable[no].rcv.nxt=ntohl(tcp->seq);
                                        TcpTable[no].snd.una=ntohl 📷
(tcp->ack_seq);
                                        TcpSocketClose(TcpTable[no].myPort);
                                }
                                else if(tcp->fin==1){
                                        printf("TcpRecv:%d:FIN_WAIT1:fin¥n",no);
                                        TcpTable[no].status=TCP_CLOSING;
                                        TcpTable[no].rcv.nxt=ntohl 📷
(tcp->seq)+tcplen+1;

                                        TcpTable[no].snd.una=ntohl 📷
(tcp->ack_seq);

                                        TcpSendAck(soc,no);
                                        if(tcp->ack==1){
                                                printf("TcpRecv:TCP_CLOSE: 📷
fin-ack:%d¥n",no);

                                                TcpTable[no].status= 📷
TCP_TIME_WAIT;
                                        }
                                }
                                else if(tcp->ack==1){
                                        printf("TcpRecv:%d:FIN_WAIT1:ack¥n",no);
                                        TcpTable[no].status=TCP_FIN_WAIT2;
```

4-6 TCPの処理を行う 〜tcp.h、tcp.c 241

```c
                                                TcpTable[no].rcv.nxt=ntohl(tcp->seq);
                                                TcpTable[no].snd.una=ntohl ⏎
(tcp->ack_seq);
                                }
                        }
                        else if(TcpTable[no].status==TCP_FIN_WAIT2){
                                if(tcp->rst==1){
                                        printf("TcpRecv:%d:FIN_WAIT2:rst¥n",no);
                                        TcpTable[no].status=TCP_CLOSE;
                                        TcpTable[no].rcv.nxt=ntohl(tcp->seq);
                                        TcpTable[no].snd.una=ntohl ⏎
(tcp->ack_seq);
                                        TcpSocketClose(TcpTable[no].myPort);
                                }
                                else if(tcp->fin==1){
                                        printf("TcpRecv:%d:FIN_WAIT2:fin¥n",no);
                                        TcpTable[no].status=TCP_TIME_WAIT;
                                        TcpTable[no].rcv.nxt=ntohl ⏎
(tcp->seq)+tcplen+1;
                                        TcpTable[no].snd.una=ntohl ⏎
(tcp->ack_seq);
                                        TcpSendAck(soc,no);
                                }
                        }
                        else if(TcpTable[no].status==TCP_CLOSING){
                                if(tcp->rst==1){
                                        printf("TcpRecv:%d:CLOSING:rst¥n",no);
                                        TcpTable[no].status=TCP_CLOSE;
                                        TcpTable[no].rcv.nxt=ntohl(tcp->seq);
                                        TcpTable[no].snd.una=ntohl ⏎
(tcp->ack_seq);
                                        TcpSocketClose(TcpTable[no].myPort);
                                }
                                else if(tcp->ack==1){
                                        printf("TcpRecv:%d:CLOSING:ack¥n",no);
                                        TcpTable[no].status=TCP_TIME_WAIT;
                                        TcpTable[no].rcv.nxt=ntohl(tcp->seq);
                                        TcpTable[no].snd.una=ntohl ⏎
(tcp->ack_seq);
                                }
                        }
                        else if(TcpTable[no].status==TCP_CLOSE_WAIT){
                                if(tcp->rst==1){
```

```
                                    printf("TcpRecv:%d:CLOSE_WAIT:rst¥
n",no);

                                    TcpTable[no].status=TCP_CLOSE;
                                    TcpTable[no].rcv.nxt=ntohl(tcp->seq);
                                    TcpTable[no].snd.una=ntohl
(tcp->ack_seq);

                                    TcpSocketClose(TcpTable[no].myPort);
                            }
                            else if(tcp->ack==1){
                                    printf("TcpRecv:%d:CLOSE_WAIT:ack¥n",
no);

                                    TcpTable[no].status=TCP_CLOSE;
                                    TcpTable[no].rcv.nxt=ntohl(tcp->seq);
                                    TcpTable[no].snd.una=ntohl
(tcp->ack_seq);

                                    TcpSocketClose(TcpTable[no].myPort);
                            }
                    }
                    else if(TcpTable[no].status==TCP_ESTABLISHED){
                            if(tcp->rst==1){
                                    printf("TcpRecv:%d:ESTABLISHED:
rst¥n",no);

                                    TcpTable[no].status=TCP_CLOSE;
                                    TcpTable[no].rcv.nxt=ntohl(tcp->seq);
                                    TcpTable[no].snd.una=ntohl
(tcp->ack_seq);

                                    TcpSocketClose(TcpTable[no].myPort);
                            }
                            else if(tcp->fin==1){
                                    printf("TcpRecv:%d:ESTABLISHED:
fin¥n",no);

                                    TcpTable[no].status=TCP_CLOSE_WAIT;
                                    TcpTable[no].rcv.nxt=ntohl
(tcp->seq)+tcplen+1;

                                    TcpTable[no].snd.una=ntohl
(tcp->ack_seq);

                                    TcpSendFin(soc,no);
                            }
                            else if(tcplen>0){
                                    TcpTable[no].rcv.nxt=ntohl
(tcp->seq)+tcplen;

                                    TcpTable[no].snd.una=ntohl
(tcp->ack_seq);
```

```
                                    TcpSendAck(soc,no);
                            }
                            else{
                                    TcpTable[no].rcv.nxt=ntohl(tcp->seq);
                                    TcpTable[no].snd.una=ntohl
(tcp->ack_seq);
                            }
                    }
                    TcpTable[no].rcv.wnd=ntohs(tcp->window);
            }
            printf("TcpRecv:%d:%s:S[%u,%u,%u,%u]:R[%u,%u,%u]¥n",no,
TcpStatusStr(TcpTable[no].status),
                    TcpTable[no].snd.una-TcpTable[no].snd.iss,
TcpTable[no].snd.nxt-TcpTable[no].snd.iss,TcpTable[no].snd.wnd,
TcpTable[no].snd.iss,
                    TcpTable[no].rcv.nxt-TcpTable[no].rcv.irs,
TcpTable[no].rcv.wnd,TcpTable[no].rcv.irs);
    }
    else{
            printf("TcpRecv:no target:%u¥n",ntohs(tcp->dest));
            TcpSendRstDirect(soc,eh,ip,tcp);
    }

    return(0);
}
```

　TCP 受信処理です。データを受信するだけでなくフラグを受信する処理もあり、
やや複雑になっています。シーケンス番号を確認後、ステータスとフラグの組み合
わせに応じて処理を行います。TCP 状態遷移図とソースを見比べると理解しやす
いでしょう。データを受信した場合、SYN や FIN を受信した場合にはシーケンス
番号を進める処理も必要です。

　対象外のポートへの受信の場合は RST を応答します。

　なお、実はこのソースは、SYN+ACK、FIN+ACK がロストした場合やそれら
の ACK がロストした場合の処理ができていないシンプルなものです。対策にはい
ろいろな方法がありますので、皆さんで考えてみてください。

4-7
仮想IPホストプログラムを
実行する

■ Makefile：makeファイル

Makefile

```
PROGRAM=MyEth
OBJS=main.o param.o sock.o ether.o arp.o ip.o icmp.o udp.o tcp.o dhcp.o cmd.o
SRCS=$(OBJS:%.o=%.c)
CFLAGS=-Wall -g
LDFLAGS=-lpthread
$(PROGRAM):$(OBJS)
        $(CC) $(CFLAGS) $(LDFLAGS) -o $(PROGRAM) $(OBJS) $(LDLIBS)
```

tcp.o を追記しておきます。

■ビルド

```
# make
cc -Wall -g    -c -o main.o main.c
cc -Wall -g    -c -o param.o param.c
cc -Wall -g    -c -o sock.o sock.c
cc -Wall -g    -c -o ether.o ether.c
cc -Wall -g    -c -o arp.o arp.c
cc -Wall -g    -c -o ip.o ip.c
cc -Wall -g    -c -o icmp.o icmp.c
cc -Wall -g    -c -o udp.o udp.c
cc -Wall -g    -c -o tcp.o tcp.c
cc -Wall -g    -c -o dhcp.o dhcp.c
cc -Wall -g    -c -o cmd.o cmd.c
cc -Wall -g -lpthread -o MyEth main.o param.o sock.o ether.o arp.o ip.o ↵
icmp.o udp.o tcp.o dhcp.o cmd.o
```

makeコマンドを実行すればMakefileに従い、コンパイルとリンクが行われます。

■設定ファイルの準備

MyEth.ini

```
IP-TTL=64
MTU=1500
MSS=1460
device=ens161
vmac=02:00:00:00:00:01
vip=192.168.111.50
vmask=255.255.255.0
gateway=192.168.111.2
DhcpRequestLeaseTime=600
```

MSS に 1460 を指定しておきます。

既に前章で DHCP の確認はしていますので、今回は画面への出力を少なくするために IP アドレスなどは直接指定しました。

■実行

MyEth を単独で実行しても通信相手がいないと実験になりませんので、device に指定したネットワークインターフェースと繋がっている他のネットワーク機器を準備しましょう。今回の例では IP アドレスが 192.168.111.2 のマシンを設置し、そのマシンがゲートウェイになるようにしておきました。

図 4-5　実行するネットワークのイメージ

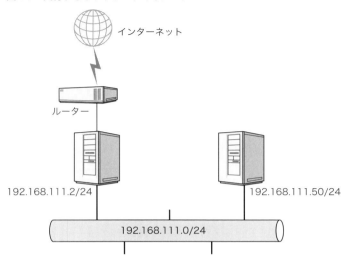

```
# ./MyEth
IP-TTL=64
MTU=1500
MSS=1460
device=ens161
++++++++++++++++++++++++++++++++++++++++++
UP BROADCAST PROMISC MULTICAST
mtu=1500
myip=192.168.33.122
mymac=00:0c:29:c9:2b:db
++++++++++++++++++++++++++++++++++++++++++
vmac=02:00:00:00:00:01
vip=192.168.111.50
vmask=255.255.255.0
gateway=192.168.111.2
DHCP request lease time=600
=== ARP ===[
---ether_header---
ether_dhost=ff:ff:ff:ff:ff:ff
ether_shost=02:00:00:00:00:01
ether_type=806(Address resolution)
---ether_arp---
arp_hrd=1(Ethernet 10/100Mbps.),arp_pro=2048(IP)
```

```
arp_hln=6,arp_pln=4,arp_op=1(ARP request.)
arp_sha=02:00:00:00:00:01
arp_spa=0.0.0.0
arp_tha=00:00:00:00:00:00
arp_tpa=192.168.111.50
]
=== ARP ===[
---ether_header---
ether_dhost=ff:ff:ff:ff:ff:ff
ether_shost=02:00:00:00:00:01
ether_type=806(Address resolution)
---ether_arp---
arp_hrd=1(Ethernet 10/100Mbps.),arp_pro=2048(IP)
arp_hln=6,arp_pln=4,arp_op=1(ARP request.)
arp_sha=02:00:00:00:00:01
arp_spa=0.0.0.0
arp_tha=00:00:00:00:00:00
arp_tpa=192.168.111.50
]
=== ARP ===[
---ether_header---
ether_dhost=ff:ff:ff:ff:ff:ff
ether_shost=02:00:00:00:00:01
ether_type=806(Address resolution)
---ether_arp---
arp_hrd=1(Ethernet 10/100Mbps.),arp_pro=2048(IP)
arp_hln=6,arp_pln=4,arp_op=1(ARP request.)
arp_sha=02:00:00:00:00:01
arp_spa=0.0.0.0
arp_tha=00:00:00:00:00:00
arp_tpa=192.168.111.50
]
=== ARP ===[
---ether_header---
ether_dhost=ff:ff:ff:ff:ff:ff
ether_shost=02:00:00:00:00:01
ether_type=806(Address resolution)
---ether_arp---
arp_hrd=1(Ethernet 10/100Mbps.),arp_pro=2048(IP)
arp_hln=6,arp_pln=4,arp_op=1(ARP request.)
arp_sha=02:00:00:00:00:01
arp_spa=0.0.0.0
arp_tha=00:00:00:00:00:00
```

```
arp_tpa=192.168.111.50
]
```

　今回は DHCP を使わず、固定 IP を使用しているため、起動後には Gratuitous
ARP での IP 重複確認だけが表示されます。

```
DoCmd:no cmd
----------------------------------------
arp -a : show arp table
arp -d addr : del arp table
ping addr [size] : send ping
ifconfig : show interface configuration
netstat : show active ports
udp open port : open udp-recv port
udp close port : close udp-recv port
udp send sport daddr:dport data : send udp
tcp listen port : listen tcp-accept port
tcp close port : close tcp port
tcp reset port : reset tcp port
tcp connect sport daddr:dport : tcp connect
tcp send sport data : send tcp
end : end program
----------------------------------------
```

　何も入力せずにリターンを入力すると使えるコマンドの説明が表示されます。
tcp 関連のコマンドが増えています。

```
tcp listen 20000
DoCmdTcp:no=0
netstat
------------------------------
proto:no:port=data
------------------------------
TCP:0:20000=192.168.111.50:20000:LISTEN
```

　TCP 接続受け付けを 20,000 番ポートで行うように指示します。netstat で確
認すると、LISTEN 状態で 1 行表示されます。
　この状態で、他のホストから telnet コマンドなどで 20,000 番ポートに接続します。

4-7　仮想 IP ホストプログラムを実行する　　249

```
--- recv ---[
---ether_header---
ether_dhost=02:00:00:00:00:01
ether_shost=00:0c:29:4a:e4:28
ether_type=800(IP)
ip--------------------------------------------------------------------------
ip_v=4,ip_hl=5,ip_tos=10,ip_len=52
ip_id=58359,ip_off=0,0
ip_ttl=64,ip_p=6(TCP),ip_sum=3737
ip_src=192.168.111.2
ip_dst=192.168.111.50
tcp-------------------------------------------------------------------------
source=53987,dest=20000
seq=1411185730
ack_seq=0
doff=8,urg=0,ack=0,psh=0,rst=0,syn=1,fin=0,window=14600
check=651e,urg_ptr=0
option,pad(12)=02,04,05,b4,01,01,04,02,01,03,03,09
]
TcpRecv:0:LISTEN:syn
```

SYN を受信します。

```
=== TCP ===[
---ether_header---
ether_dhost=00:0c:29:4a:e4:28
ether_shost=02:00:00:00:00:01
ether_type=800(IP)
ip--------------------------------------------------------------------------
ip_v=4,ip_hl=5,ip_tos=0,ip_len=40
ip_id=42075,ip_off=2,0
ip_ttl=64,ip_p=6(TCP),ip_sum=36ef
ip_src=192.168.111.50
ip_dst=192.168.111.2
tcp-------------------------------------------------------------------------
source=20000,dest=53987
seq=1511423384
ack_seq=1411185731
doff=5,urg=0,ack=1,psh=0,rst=0,syn=1,fin=0,window=1460
check=0186,urg_ptr=0
]
```

```
TcpRecv:0:SYN_RECV:S[0,0,1460,1511423384]:R[0,14600,1411185731]
```

SYN + ACK を応答します。

```
--- recv ---[
---ether_header---
ether_dhost=02:00:00:00:00:01
ether_shost=00:0c:29:4a:e4:28
ether_type=800(IP)
ip--------------------------------------------------------------------------
ip_v=4,ip_hl=5,ip_tos=10,ip_len=40
ip_id=58360,ip_off=0,0
ip_ttl=64,ip_p=6(TCP),ip_sum=3742
ip_src=192.168.111.2
ip_dst=192.168.111.50
tcp-------------------------------------------------------------------------
source=53987,dest=20000
seq=1411185731
ack_seq=1511423385
doff=5,urg=0,ack=1,psh=0,rst=0,syn=0,fin=0,window=14600
check=ce32,urg_ptr=0
]
TcpRecv:0:SYN_RECV:ack
TcpRecv:0:ESTABLISHED:S[1,0,1460,1511423384]:R[0,14600,1411185731]
```

ACK を受信し、接続確立状態になります。

```
netstat
------------------------------
proto:no:port=data
------------------------------
TCP:0:20000=192.168.111.50:20000-192.168.111.2:53987:ESTABLISHED
```

netstat で確認しても ESTABLISHED になっています。
相手側から「test\r\n」を送信します。

```
--- recv ---[
---ether_header---
ether_dhost=02:00:00:00:00:01
```

4-7　仮想 IP ホストプログラムを実行する　　251

```
ether_shost=00:0c:29:4a:e4:28
ether_type=800(IP)
ip----------------------------------------------------------------
ip_v=4,ip_hl=5,ip_tos=10,ip_len=46
ip_id=58361,ip_off=0,0
ip_ttl=64,ip_p=6(TCP),ip_sum=373b
ip_src=192.168.111.2
ip_dst=192.168.111.50
tcp---------------------------------------------------------------
source=53987,dest=20000
seq=1411185731
ack_seq=1511423385
doff=5,urg=0,ack=1,psh=1,rst=0,syn=0,fin=0,window=14600
check=d940,urg_ptr=0
74 65 73 74 0D 0A                                 test..
]
```

test¥r¥n が表示されます。

```
=== TCP ===[
---ether_header---
ether_dhost=00:0c:29:4a:e4:28
ether_shost=02:00:00:00:00:01
ether_type=800(IP)
ip----------------------------------------------------------------
ip_v=4,ip_hl=5,ip_tos=0,ip_len=40
ip_id=44600,ip_off=2,0
ip_ttl=64,ip_p=6(TCP),ip_sum=2d12
ip_src=192.168.111.50
ip_dst=192.168.111.2
tcp---------------------------------------------------------------
source=20000,dest=53987
seq=1511423385
ack_seq=1411185737
doff=5,urg=0,ack=1,psh=0,rst=0,syn=0,fin=0,window=1460
check=0181,urg_ptr=0
]
TcpRecv:0:ESTABLISHED:S[1,1,1460,1511423384]:R[6,14600,1411185731]
```

受信シーケンス番号を増やし ACK 応答します。

252   第 4 章　TCP 機能の基本機能を追加しよう　〜仮想 IP ホストプログラム：第三段階

```
tcp send 20000 TEST
TcpSend:offset=0,len=4,lest=4
=== TCP ===[
---ether_header---
ether_dhost=00:0c:29:4a:e4:28
ether_shost=02:00:00:00:00:01
ether_type=800(IP)
ip------------------------------------------------------------------------------
ip_v=4,ip_hl=5,ip_tos=0,ip_len=44
ip_id=25267,ip_off=0,0
ip_ttl=64,ip_p=6(TCP),ip_sum=b893
ip_src=192.168.111.50
ip_dst=192.168.111.2
tcp-----------------------------------------------------------------------------
source=20000,dest=53987
seq=1511423385
ack_seq=1411185737
doff=5,urg=0,ack=1,psh=0,rst=0,syn=0,fin=0,window=1460
check=59e3,urg_ptr=0
54 45 53 54                                         TEST
]
```

MyEth から「TEST」を送信します。

```
--- recv ---[
---ether_header---
ether_dhost=02:00:00:00:00:01
ether_shost=00:0c:29:4a:e4:28
ether_type=800(IP)
ip------------------------------------------------------------------------------
ip_v=4,ip_hl=5,ip_tos=10,ip_len=40
ip_id=58362,ip_off=0,0
ip_ttl=64,ip_p=6(TCP),ip_sum=3740
ip_src=192.168.111.2
ip_dst=192.168.111.50
tcp-----------------------------------------------------------------------------
source=53987,dest=20000
seq=1411185737
ack_seq=1511423389
doff=5,urg=0,ack=1,psh=0,rst=0,syn=0,fin=0,window=14600
check=ce28,urg_ptr=0
```

```
]
TcpRecv:0:ESTABLISHED:S[5,5,1460,1511423384]:R[6,14600,1411185731]
TcpSend:una=5,nextSeq=5
TcpSend:una=5,nextSeq=5:success
```

　相手から期待する受信シーケンス番号で ACK が応答されます。

　相手側で TCP 接続を終了します。

```
--- recv ---[
---ether_header---
ether_dhost=02:00:00:00:00:01
ether_shost=00:0c:29:4a:e4:28
ether_type=800(IP)
ip----------------------------------------------------------------------------
ip_v=4,ip_hl=5,ip_tos=10,ip_len=40
ip_id=58363,ip_off=0,0
ip_ttl=64,ip_p=6(TCP),ip_sum=373f
ip_src=192.168.111.2
ip_dst=192.168.111.50
tcp---------------------------------------------------------------------------
source=53987,dest=20000
seq=1411185737
ack_seq=1511423389
doff=5,urg=0,ack=1,psh=0,rst=0,syn=0,fin=1,window=14600
check=ce27,urg_ptr=0
]
TcpRecv:0:ESTABLISHED:fin
```

　FIN を受信します。

```
=== TCP ===[
---ether_header---
ether_dhost=00:0c:29:4a:e4:28
ether_shost=02:00:00:00:00:01
ether_type=800(IP)
ip----------------------------------------------------------------------------
ip_v=4,ip_hl=5,ip_tos=0,ip_len=40
ip_id=6283,ip_off=2,0
ip_ttl=64,ip_p=6(TCP),ip_sum=c2bf
ip_src=192.168.111.50
```

254　第 4 章　TCP 機能の基本機能を追加しよう　～仮想 IP ホストプログラム：第三段階

```
ip_dst=192.168.111.2
tcp----------------------------------------------------------------------
source=20000,dest=53987
seq=1511423389
ack_seq=1411185738
doff=5,urg=0,ack=1,psh=0,rst=0,syn=0,fin=1,window=1460
check=017b,urg_ptr=0
]
TcpRecv:0:CLOSE_WAIT:S[5,5,1460,1511423384]:R[7,14600,1411185731]
```

FIN + ACK を応答し、CLOSE_WAIT 状態になります。

```
--- recv ---[
---ether_header---
ether_dhost=02:00:00:00:00:01
ether_shost=00:0c:29:4a:e4:28
ether_type=800(IP)
ip------------------------------------------------------------------------
ip_v=4,ip_hl=5,ip_tos=10,ip_len=40
ip_id=58364,ip_off=0,0
ip_ttl=64,ip_p=6(TCP),ip_sum=373e
ip_src=192.168.111.2
ip_dst=192.168.111.50
tcp-----------------------------------------------------------------------
source=53987,dest=20000
seq=1411185738
ack_seq=1511423390
doff=5,urg=0,ack=1,psh=0,rst=0,syn=0,fin=0,window=14600
check=ce26,urg_ptr=0
]
TcpRecv:0:CLOSE_WAIT:ack
TcpRecv:0:CLOSE:S[6,5,1460,1511423384]:R[7,14600,1411185731]
```

ACK を受信し、CLOSE 状態になります。

```
netstat
----------------------------
proto:no:port=data
----------------------------
```

4-7　仮想 IP ホストプログラムを実行する　255

netstat でも TCP テーブルから情報が消えます。TCP では 1 つの listen ポートで複数の接続を受け付けられますが、MyEth ではシンプル化のため listen で待ち受けるのは 1 接続のみにしていますので、切断するとすぐにテーブルから消すようにしてあります。

　送信シーケンス番号と受信シーケンス番号の様子をまとめると次のようになります。

図 4-6　送信シーケンス番号（seq）・受信シーケンス番号（ack）の様子（その 1）

MyEth	seq	seq （相対）				ack （相対）	ack	telnet
	1411185730	0	←	SYN			0	
	1511423384	0		SYN+ACK	→	1	1411185731	
	1411185731	1	←	ACK		1	1511423385	
	1411185731	1	←	test¥r¥n(6bytes)		1	1511423385	
	1511423385	1		ACK	→	7	1411185737	
	1511423385	1		TEST(4bytes)	→	7	1411185737	
	1411185737	7	←	ACK		5	1511423389	
	1411185737	7	←	FIN+ACK		5	1511423389	
	1511423389	5		FIN+ACK	→	8	1411185738	
	1411185738	8	←	ACK		6	1511423390	

　それぞれ最初に送信したパケットで初期シーケンス番号が決まります。送信側は SYN と FIN を送信した場合には次に送る際のシーケンス番号を 1 加算、データを送信した場合は送信したデータバイト数を加算します。受信側は応答する ACK 番号として、SYN と FIN は 1 加算、データを受信した場合はデータバイト数を加算して、次に受信したいシーケンス番号を応答します。送信したシーケンス番号に見合う受信シーケンス番号が応答されない場合は再送します。

　次に、MyEth から TCP 接続してみます。

```
tcp connect 10000 192.168.254.10:110
=== TCP ===[
---ether_header---
ether_dhost=00:0c:29:4a:e4:28
ether_shost=02:00:00:00:00:01
ether_type=800(IP)
ip-------------------------------------------------------------------------
```

256　第 4 章　TCP 機能の基本機能を追加しよう　〜仮想 IP ホストプログラム：第三段階

```
ip_v=4,ip_hl=5,ip_tos=0,ip_len=40
ip_id=44427,ip_off=2,0
ip_ttl=64,ip_p=6(TCP),ip_sum=9eb6
ip_src=192.168.111.50
ip_dst=192.168.254.10
tcp--------------------------------------------------------------------------
source=10000,dest=110
seq=586340778
ack_seq=0
doff=5,urg=0,ack=0,psh=0,rst=0,syn=1,fin=0,window=1460
check=9785,urg_ptr=0
]
```

　SYN を送信します。なお、別セグメント宛に接続してみましたので、ゲートウェイに SYN を送信しています。

```
--- recv ---[
---ether_header---
ether_dhost=02:00:00:00:00:01
ether_shost=00:0c:29:4a:e4:28
ether_type=800(IP)
ip--------------------------------------------------------------------------
ip_v=4,ip_hl=5,ip_tos=0,ip_len=44
ip_id=0,ip_off=2,0
ip_ttl=62,ip_p=6(TCP),ip_sum=4e3e
ip_src=192.168.254.10
ip_dst=192.168.111.50
tcp--------------------------------------------------------------------------
source=110,dest=10000
seq=3449589177
ack_seq=586340779
doff=6,urg=0,ack=1,psh=0,rst=0,syn=1,fin=0,window=14600
check=f10d,urg_ptr=0
option,pad(4)=02,04,05,b4
]
TcpRecv:0:SYN_SENT:syn
TcpRecv:SYN_RECV:syn-ack:0
```

　SYN + ACK を受信します。

```
=== TCP ===[
---ether_header---
ether_dhost=00:0c:29:4a:e4:28
ether_shost=02:00:00:00:00:01
ether_type=800(IP)
ip-------------------------------------------------------------------------
ip_v=4,ip_hl=5,ip_tos=0,ip_len=40
ip_id=20303,ip_off=2,0
ip_ttl=64,ip_p=6(TCP),ip_sum=fcf2
ip_src=192.168.111.50
ip_dst=192.168.254.10
tcp------------------------------------------------------------------------
source=10000,dest=110
seq=586340779
ack_seq=3449589178
doff=5,urg=0,ack=1,psh=0,rst=0,syn=0,fin=0,window=1460
check=3c1f,urg_ptr=0
]
TcpRecv:0:ESTABLISHED:S[1,1,1460,586340778]:R[1,14600,3449589177]
```

ACK を応答します。

```
--- recv ---[
---ether_header---
ether_dhost=02:00:00:00:00:01
ether_shost=00:0c:29:4a:e4:28
ether_type=800(IP)
ip-------------------------------------------------------------------------
ip_v=4,ip_hl=5,ip_tos=0,ip_len=60
ip_id=46212,ip_off=2,0
ip_ttl=62,ip_p=6(TCP),ip_sum=99a9
ip_src=192.168.254.10
ip_dst=192.168.111.50
tcp------------------------------------------------------------------------
source=110,dest=10000
seq=3449589178
ack_seq=586340779
doff=5,urg=0,ack=1,psh=1,rst=0,syn=0,fin=0,window=14600
check=a5d8,urg_ptr=0
2B 4F 4B 20 44 6F 76 65 63 6F 74 20 72 65 61 64    +OK Dovecot read
79 2E 0D 0A                                        y...
```

```
                    ]
```

　POP サーバに接続しましたので、サーバからのウエルカムメッセージを受信し
て表示しています。

```
=== TCP ===[
---ether_header---
ether_dhost=00:0c:29:4a:e4:28
ether_shost=02:00:00:00:00:01
ether_type=800(IP)
ip-------------------------------------------------------------------------
ip_v=4,ip_hl=5,ip_tos=0,ip_len=40
ip_id=25505,ip_off=2,0
ip_ttl=64,ip_p=6(TCP),ip_sum=e8a0
ip_src=192.168.111.50
ip_dst=192.168.254.10
tcp------------------------------------------------------------------------
source=10000,dest=110
seq=586340779
ack_seq=3449589198
doff=5,urg=0,ack=1,psh=0,rst=0,syn=0,fin=0,window=1460
check=3c0b,urg_ptr=0
]
TcpRecv:0:ESTABLISHED:S[1,1,1460,586340778]:R[21,14600,3449589177]
TcpConnect:ESTABLISHED
TcpConnect:success
```

　ACK 応答しています。

```
netstat
------------------------------
proto:no:port=data
------------------------------
TCP:0:10000=192.168.111.50:10000-192.168.254.10:110:ESTABLISHED
```

　netstat で ESTABLISHED になっています。
　POP3 の USER コマンドを MyEth から送信してみます。

4-7　仮想 IP ホストプログラムを実行する　　259

```
tcp send 10000 user komata¥r¥n
TcpSend:offset=0,len=13,lest=13
=== TCP ===[
---ether_header---
ether_dhost=00:0c:29:4a:e4:28
ether_shost=02:00:00:00:00:01
ether_type=800(IP)
ip-----------------------------------------------------------------
ip_v=4,ip_hl=5,ip_tos=0,ip_len=53
ip_id=55973,ip_off=0,0
ip_ttl=64,ip_p=6(TCP),ip_sum=b18f
ip_src=192.168.111.50
ip_dst=192.168.254.10
tcp----------------------------------------------------------------
source=10000,dest=110
seq=586340779
ack_seq=3449589198
doff=5,urg=0,ack=1,psh=0,rst=0,syn=0,fin=0,window=1460
check=04be,urg_ptr=0
75 73 65 72 20 6B 6F 6D 61 74 61 0D 0A              user komata..
]
```

「user komata¥r¥n」を送信します。

```
--- recv ---[
---ether_header---
ether_dhost=02:00:00:00:00:01
ether_shost=00:0c:29:4a:e4:28
ether_type=800(IP)
ip-----------------------------------------------------------------
ip_v=4,ip_hl=5,ip_tos=0,ip_len=40
ip_id=46213,ip_off=2,0
ip_ttl=62,ip_p=6(TCP),ip_sum=99bc
ip_src=192.168.254.10
ip_dst=192.168.111.50
tcp----------------------------------------------------------------
source=110,dest=10000
seq=3449589198
ack_seq=586340792
doff=5,urg=0,ack=1,psh=0,rst=0,syn=0,fin=0,window=14600
check=08aa,urg_ptr=0
```

```
]
TcpRecv:0:ESTABLISHED:S[14,14,1460,586340778]:R[21,14600,3449589177]
```

ACK を受信します。

```
--- recv ---[
---ether_header---
ether_dhost=02:00:00:00:00:01
ether_shost=00:0c:29:4a:e4:28
ether_type=800(IP)
ip------------------------------------------------------------------------
ip_v=4,ip_hl=5,ip_tos=0,ip_len=45
ip_id=46214,ip_off=2,0
ip_ttl=62,ip_p=6(TCP),ip_sum=99b6
ip_src=192.168.254.10
ip_dst=192.168.111.50
tcp-----------------------------------------------------------------------
source=110,dest=10000
seq=3449589198
ack_seq=586340792
doff=5,urg=0,ack=1,psh=1,rst=0,syn=0,fin=0,window=14600
check=8840,urg_ptr=0
2B 4F 4B 0D 0A                                      +OK..
]
```

POP サーバから「+OK¥r¥n」を受信します。

```
=== TCP ===[
---ether_header---
ether_dhost=00:0c:29:4a:e4:28
ether_shost=02:00:00:00:00:01
ether_type=800(IP)
ip------------------------------------------------------------------------
ip_v=4,ip_hl=5,ip_tos=0,ip_len=40
ip_id=34259,ip_off=2,0
ip_ttl=64,ip_p=6(TCP),ip_sum=c66e
ip_src=192.168.111.50
ip_dst=192.168.254.10
tcp-----------------------------------------------------------------------
source=10000,dest=110
```

```
seq=586340792
ack_seq=3449589203
doff=5,urg=0,ack=1,psh=0,rst=0,syn=0,fin=0,window=1460
check=3bf9,urg_ptr=0
]
TcpRecv:0:ESTABLISHED:S[14,14,1460,586340778]:R[26,14600,3449589177]
TcpSend:una=14,nextSeq=14
TcpSend:una=14,nextSeq=14:success
```

ACK 応答します。

MyEth 側から TCP 切断します。

```
tcp close 10000
=== TCP ===[
---ether_header---
ether_dhost=00:0c:29:4a:e4:28
ether_shost=02:00:00:00:00:01
ether_type=800(IP)
ip------------------------------------------------------------------
ip_v=4,ip_hl=5,ip_tos=0,ip_len=40
ip_id=12802,ip_off=2,0
ip_ttl=64,ip_p=6(TCP),ip_sum=1a40
ip_src=192.168.111.50
ip_dst=192.168.254.10
tcp-----------------------------------------------------------------
source=10000,dest=110
seq=586340792
ack_seq=3449589203
doff=5,urg=0,ack=1,psh=0,rst=0,syn=0,fin=1,window=1460
check=3bf8,urg_ptr=0
]
```

FIN を送信します。

```
--- recv ---[
---ether_header---
ether_dhost=02:00:00:00:00:01
ether_shost=00:0c:29:4a:e4:28
ether_type=800(IP)
ip------------------------------------------------------------------
```

```
ip_v=4,ip_hl=5,ip_tos=0,ip_len=40
ip_id=46215,ip_off=2,0
ip_ttl=62,ip_p=6(TCP),ip_sum=99ba
ip_src=192.168.254.10
ip_dst=192.168.111.50
tcp-------------------------------------------------------------------------
source=110,dest=10000
seq=3449589203
ack_seq=586340793
doff=5,urg=0,ack=1,psh=0,rst=0,syn=0,fin=1,window=14600
check=08a3,urg_ptr=0
TcpRecv:0:FIN_WAIT1:fin
]
```

FIN + ACK を受信し、FIN_WAIT1 になります。

```
=== TCP ===[
---ether_header---
ether_dhost=00:0c:29:4a:e4:28
ether_shost=02:00:00:00:00:01
ether_type=800(IP)
ip-------------------------------------------------------------------------
ip_v=4,ip_hl=5,ip_tos=0,ip_len=40
ip_id=36142,ip_off=2,0
ip_ttl=64,ip_p=6(TCP),ip_sum=bf13
ip_src=192.168.111.50
ip_dst=192.168.254.10
tcp-------------------------------------------------------------------------
source=10000,dest=110
seq=586340793
ack_seq=3449589204
doff=5,urg=0,ack=1,psh=0,rst=0,syn=0,fin=0,window=1460
check=3bf7,urg_ptr=0
]
TcpRecv:TCP_CLOSE:fin-ack:0
TcpRecv:0:TIME_WAIT:S[15,15,1460,586340778]:R[27,14600,3449589177]
TcpClose:status=TIME_WAIT
TcpClose:status=TIME_WAIT
TcpClose:status=TIME_WAIT
TcpClose:status=TIME_WAIT
TcpClose:status=CLOSE:success
```

```
DoCmdTcp:ret=1
```

ACK を受信し、TIME_WAIT 待ちしてから CLOSE 状態にしています。

```
netstat
------------------------------
proto:no:port=data
------------------------------
```

TCP テーブルから消えています。

図 4-7　送信シーケンス番号（seq）・受信シーケンス番号（ack）の様子（その 2）

MyEth	seq	seq （相対）				ack （相対）	ack	POP サーバ
	586340778	0		SYN	→		0	
	3449589177	0	←	SYN+ACK		1	586340779	
	586340779	1		ACK	→	1	3449589178	
	3449589178	1	←	+OK Dovecot ready.¥r¥n (20bytes)		1	586340779	
	586340779	1		ACK	→	21	3449589198	
	586340779	1		user komata¥r¥n (13bytes)	→	21	3449589198	
	3449589198	21	←	ACK		14	586340792	
	3449589198	21	←	+OK¥r¥n (5bytes)		14	586340792	
	586340792	14		FIN+ACK	→	26	3449589203	
	3449589203	26	←	FIN+ACK		15	586340793	
	586340793	15		ACK	→	27	3449589204	

　こちらも送信シーケンス番号と受信シーケンス番号の様子を見てみると、SYN
と FIN で 1 加算、データ送信でデータバイト数加算したやりとりがされているのが
わかります。

```
end
ending
```

end でプログラムを終了します。

　大きなサイズの送受信や、複数接続した状態での送受信なども確認してみましょう。また、パケットがロスした場合の再送の様子も観察できると良いのですが、一般的には実験が難しいと思います。そこで、MyEth のソースコードを少し変更してわざとシーケンス番号を異常な値にしてみるなどの実験をしてみるのも良いでしょう。

4-8
まとめ

　TCP は UDP と異なり再送制御が必要になるため、シーケンス番号の管理や状態遷移など、かなりやることが増えます。TCP とはこういうものだと説明を読んでもなかなか実感しにくいのですが、このように自作してみると、よく考えられた仕組みだということがわかります。私は 15 年前くらいに VPN を UDP で自作したことがあるのですが、TCP をよく理解せずにいきなり自作したため、動かしながらパケットロスなどで不調になるたびにリトライ処理を追加したりして、結局は TCP と同じようなシーケンス番号の管理ができていたという経験があります。最初から TCP の理解があれば遠回りせずに済んだところですが、自分で作ってみたおかげでよく理解できました。

　実際の TCP ではウインドウスケーリングや選択確認応答（SACK）など、より効率良く通信ができるような仕組みが拡張されています。それらを実装してみるのもプログラミングの練習にはなると思いますが、まずは本書のレベルまで実験して実感できていれば、あとは Linux などのカーネルソースを読むだけでも理解しやすいと思います。本書のソースは理解しやすさを優先し、イベント駆動型にせず、main から追いやすいスタイルにしていますので、これをそのまま拡張していっても高性能にするのは難しい（絶対に無理とは言いませんが）です。あくまでも勉強用と考えるのが良いでしょう。理解しやすさを優先して、受信スレッド内で送信をするケース（相手側から接続要求を受けた場合）に ARP 調査ができない問題なども簡易的に回避するなどしていますが、あえてそのまま紹介しています。

266　第 4 章　TCP 機能の基本機能を追加しよう　〜仮想 IP ホストプログラム：第三段階

おわりに

　ユーザランドのプログラムでイーサネット、IP、UDP、TCP を実装してみました。ネットワークは「カーネルやデバイスドライバが難しいことをやってくれているもの」と漠然とした存在だったかもしれませんが、実際には「イーサネットフレームが飛び交うだけであり、プロトコルに従って階層的に扱うだけのもの」ということを少しでも体感してもらえたのであれば、本書を書いた甲斐があったという感じです。

　「こんな中途半端なレベルのものを作ってどうするのか？」と考える人もいるかもしれません。ですが、実はほぼこのソースをベースにしたエンジンを使って、ある製品を開発し、本書が書店に並ぶ頃には発売開始になっている予定です。目的によってはカーネルやデバイスドライバをそのまま使うよりも、本書で紹介したプログラムのように全てを自分でコントロールするほうが良い場面もあるのです。

　TCP まで自作することが役立つケースは少ないとしても、イーサネットフレームを直接扱う技術はさまざまな場面で必要になります。本書で紹介した DHCP のクライアント機能を作成する場合にも使いますし、ARP を扱うことで不正接続検知・排除の仕組みを作ることもできます。前著で紹介したようにイーサネットフレームを中継しながらブリッジやルーターを作ることもできるのです。

　本書ではイーサネットフレームを扱いましたが、階層的なネットワークプロトコルになっているおかげで、IEEE802.11 を扱えば無線 LAN のパケットを送受信することも似たような技術で可能です。

　残念ながら、イーサネットフレームでのパケット送受信を Linux で一般的に扱うための PF_PACKET はあまり性能が高くありません。多くの環境で、10Gbps でリンクしても 1.8Gbps くらいしかスループットは出ないと思います。1Gbps くらい出れば多くの目的では大丈夫かもしれません。より高いスループットが必要な場合は RSS（Receive Side Scaling）などの技術を使用することで解決できますが、いずれにしてもパケットの処理は同じようなイメージで可能です。

　今どきの Linux カーネルはそれなりに拡張性が高くなっていて、かなり複雑なパケット処理でもコントロールしたり制御を追加したりすることもできるようになっていますので、ユーザランドのプログラムで PF_PACKET を使うよりもカーネルレベルで処理させるほうが適していることもあります。ですが、いずれにしても各プロト

コルの理解は必要ですし、いきなりカーネル内の複雑なバッファ処理を眺めるより
は、本書のサンプルプログラムのようにシンプルなもので実験してから進むほうが
理解しやすいと思います。まずは悩むより動かしてみるということで、いろいろと実
験してみると良いでしょう。

　私の著書ではソースコードが多く説明が少ないという指摘をいただくことが多い
のですが、パケットを扱うようなネットワークプログラミングでは、アルゴリズムが
難しいということはほとんどなく、説明よりも実際にソースコードを見るほうがはる
かに理解しやすいという思いがあります。実際に、我々ネットワーク関連製品の開
発現場では、参考になるソースコードさえ見つければ、あとは動かしながら試行
錯誤して進められることがほとんどです。読むよりも動かしながら理解するほうが
身につきますので、「百聞は一見にしかず」で、ソースをいじりながらどんどん動か
してみるのが一番だと思います。

さくいん

数字

3 ウェイハンドシェーク ····················· 22

A

ACK ·········· 22, 23, 231, 233, 235, 239,
251, 252, 254, 255, 257,
258, 261, 262, 263, 264

Address Resolution Protocol ············ 16

AF_INET ································· 41, 55

AF_PACKET ································· 57

ARP ·· 16

ARPHRD_ETHER ··························· 16

ARPOP_REPLY ························· 16, 79

ARPOP_REQUEST ·············· 16, 78, 79

ARP テーブル ························· 67, 101

ARP 要求 ································· 117

B

bind ····································· 57, 58

BOOTP ······································ 21

BOOTREPLY ······························ 169

C

CLOSE ······························· 255, 264

CLOSE_WAIT ························· 255

connect ······························· 25

Ctrl + C ································· 116

D

DHCP ···························· 21, 120, 157

DHCPACK ······················· 21, 169, 178

DHCPDISCOVER
············· 21, 130, 166, 169, 170, 178

DHCPNAK ································ 169

DHCPOFFER ················· 21, 169, 178

DHCPRELEASE ········· 21, 129, 168, 189

DHCPREQUEST
··················· 21, 167, 169, 170, 178

DIX 仕様 ································· 15

Dynamic Host Configuration Protocol
··· 21

E

ECHO ヘッダ ······························ 92

ESTABLISHED ······················ 251, 259

ETHERMTU ································· 46

ETHERTYPE_ARP ·········· 15, 63, 65, 70

ETHERTYPE_IP ···· 15, 16, 63, 65, 70, 89

ETHERTYPE_PUP ····················· 62, 69

ETHERTYPE_REVARP ··············· 63, 70

ETH_P_ALL ······························· 57

ETH_ZLEN ································· 64

F

FIN ············· 22, 23, 229, 235, 244, 254,
255, 256, 262, 263, 264

FIN_WAIT1 ································· 263

G

Gratuitous ARP ························· 75, 78

H

htonl ···················· 165, 227, 228, 229,
230, 231, 236

htons ······· 88, 152, 153, 164, 223, 227,
228, 229, 230, 231, 236, 237

HTYPE_ETHER ····················· 159, 164

HTYPE_IEEE802 ························· 159

I

ICMP ··· 19

ICMP Destination Unreachable 136, 187

ICMP_DEST_UNREACH ················· 137

ICMP_ECHO ························· 95, 96, 97

さくいん　269

ICMP_ECHOREPLY ···················· 94, 97
ICMP_PORT_UNREACH ················ 137
ICMP エコー応答 ························· 94, 97
ICMP エコー要求 ······················ 101, 117
ICMP チェックサム ··························· 96
IEEE 802.3 仕様 ···························· 15
ifconfig ································· 102
IFF_BROADCAST ·························· 41
IFF_LOOPBACK ··························· 41
IFF_MULTICAST ·························· 41
IFF_POINTOPOINT ······················ 41
IFF_PROMISC ·················· 40, 41, 57
IFF_UP ····························· 41, 57
inet_aton ········ 100, 101, 142, 166, 214
inet_ntop ····················· 42, 83, 98, 102,
                         140, 160, 169, 212
Internet Control Message Protocol ···· 19
Internet Protocol ························ 18
ioctl ··················· 40, 41, 55, 56, 57
IP ····································· 18
IP_MF ························· 86, 135, 209
IP_MF ビット ····························· 87
IP_OFFMASK ············· 86, 88, 135, 209
IPPROTO_ICMP ····· 86, 94, 95, 135, 209
IPPROTO_TCP ······· 209, 210, 228, 229,
                         230, 231, 232, 237
IPPROTO_UDP ····················· 135, 209
IP フラグメント ······························· 120

L

LDFLAGS ································ 104
libpthread ······························ 104
LISTEN ································· 249

M

MAC ····································· 15
make ···················· 104, 171, 246
make ファイル ················· 104, 171, 245
Media Access Control ···················· 15

MSS ····························· 204, 239
MTU ······························· 46, 89

N

nanosleep ································ 56
ntohl ······· 220, 240, 241, 242, 243, 244
ntohs ·········· 62, 65, 70, 78, 79, 82, 83,
                  86, 93, 98, 135, 154, 168,
                  209, 220, 221, 241

P

PF_PACKET ··························· 38, 57
ping ································ 92, 96, 101
poll ·································· 38, 39
PSH ····································· 23
pthread ································· 104

R

random ···························· 44, 88, 89
RFC768 ································· 20
RFC791 ································· 19
RFC792 ································· 19
RFC793 ································· 22
RFC826 ································· 16
RFC951 ································· 21
RFC2131 ································ 21
RST ················· 23, 230, 232, 235, 244
RTT ····································· 92
rwlock ································· 72

S

SIGPIPE ································· 44
SIGTERM ································ 102
SIOCGIFADDR ···························· 42
SIOCGIFFLAGS ··················· 40, 41, 57
SIOCGIFHWADDR ····················· 55, 56
SIOCGIFINDEX ···························· 57
SIOCGIFMTU ····························· 41
SIOCSIFFLAGS ······················· 40, 57
sockaddr_in ····························· 25
sockaddr_ll ····························· 58

SOCK_DGRAM ························ 41, 55

socket ························· 41, 55, 57

SOCK_RAW ································ 57

srandom ·································· 44

SYN ················ 22, 23, 228, 233, 244,
250, 251, 256, 257, 264

T

TCB ···································· 24,218

TCP ································· 22, 192

TCP_CLOSE ·········· 220, 222, 234, 235,
240, 241, 242, 243

TCP_CLOSE_WAIT ·········· 222, 242, 243

TCP_CLOSING ········· 220, 222, 241, 242

TCP_ESTABLISHED ········ 220, 222, 233,
234, 235, 236, 240, 243

TCP_FIN_TIMEOUT ················ 234, 235

TCP_FIN_WAIT1
·················· 220, 222, 234, 235, 241

TCP_FIN_WAIT2 ······ 220, 222, 241, 242

TCP_LAST_ACK ····················· 220, 222

TCP_LISTEN ··········· 220, 222, 226, 241

TCP_SYN_RECV ······ 220, 222, 240, 241

TCP_SYN_SENT ······· 220, 222, 233, 240

TCP_TIME_WAIT
················· 220, 222, 234, 241, 242

TCP 接続確立状態ダイアグラム ············· 24

TCP チェックサム ····························· 223

TCP テーブル ························· 213, 224

Time to Live ····························· 19

TIME_WAIT ······························ 264

Transmission Control Protocol ·········· 22

TTL ······································· 19

U

UDP ································· 20, 120

UDP チェックサム ··························· 148

UDP テーブル ······························ 149

URG ······································ 23

User Datagram Protocol ················· 20

W

write ···································· 64

あ行

イーサネットフレーム ······················· 15

イベント駆動型 ···························· 32

ウインドウスケーリング ·············· 192, 266

か行

仮想 IP ホスト ···························· 30

疑似ヘッダ ····························· 20, 23

ゲートウェイ ······························ 105

さ行

再送制御 ································· 266

シーケンス番号 ······················· 244, 266

シグナルハンドラ ···························· 40

受信シーケンス番号 ·················· 256, 264

受信シーケンス変数 ······················· 218

初期シーケンス番号 ························· 256

選択確認応答 ····························· 266

送信シーケンス番号 ·················· 256, 264

送信シーケンス変数 ······················· 218

ソケットプログラミング ······················ 25

ソケットライブラリ ·························· 117

た行

チェックサム ··························· 53, 87

は行

輻輳制御 ································· 192

フラグメント ······················ 81, 87, 89

プロミスキャスモード ··················· 41, 58

ま行

マルチスレッド ···························· 72

ら行

リンクレイヤープログラミング ················ 30

さくいん 271

● 著者プロフィール

小俣光之（こまた・みつゆき）

日本シー・エー・ディー株式会社　代表取締役社長。

1989年新卒で入社後、プログラマとして仕事を続け、2005年11月から社長となるがプログラマも兼務している。社長としての仕事の割合が年々増える中、ProDHCPやネットワーク関連の新製品開発などネットワークプログラミングだけは続けている。

プログラミング関連の著書を『ルーター自作でわかるパケットの流れ』（技術評論社）など8冊執筆し、プログラマの仕事の素晴らしさを伝えるべく読み物も4冊執筆。『プログラムは技術だけでは動かない』（技術評論社）に続き、本書は13冊目の著書となる。

［オルタナティブ・ブログ］
http://blogs.itmedia.co.jp/komata/

装丁：DESIGN WORKSHOP JIN　遠藤陽一
本文デザイン／レイアウト：SeaGrape
編集：山崎 香

ソースコードで体感するネットワークの仕組み
～手を動かしながら基礎からTCP/IPの実装までがわかる

2018年 5月29日　初　版　第1刷発行
2018年10月27日　初　版　第2刷発行

著　者　小俣光之（こまたみつゆき）
発行者　片岡　巌
発行所　株式会社技術評論社
　　　　東京都新宿区市谷左内町 21-13
電　話　03-3513-6150　販売促進部
　　　　03-3513-6166　書籍編集部
印刷 / 製本　昭和情報プロセス株式会社

定価はカバーに表示してあります。

本書の一部または全部を著作権法の定める範囲を超え，無断で
複写，複製，転載，テープ化，ファイルに落とすことを禁じます。

> 造本には細心の注意を払っておりますが，万一，乱丁（ページの乱れ）や落
> 丁（ページの抜け）がございましたら，小社販売促進部までお送りください。
> 送料小社負担にてお取替えいたします。

©2018　小俣光之

ISBN978-4-7741-9744-9　C3055
Printed in Japan

●注意

　本書に関するご質問は，FAXや書面，あるいは以下に示す弊社のWebサイトの質問用フォームをご利用下さい。電話での直接のお問い合わせには一切お答えできませんので，あらかじめご了承下さい。

　ご質問の際には，書籍名と質問される該当ページ，返信先を明記してください。

　e-mailをお使いになれる方は，メールアドレスの併記をお願いいたします。

●連絡先

〒162-0846
東京都新宿区市谷左内町21-13
（株）技術評論社 書籍編集部
「ソースコードで体感するネットワークの仕組み」係
FAX：03-3513-6183
Webサイト：https://gihyo.jp/book/
2018/978-4-7741-9744-9